应用型本科风景园林专业规划教材

风景园林专业综合实训指导

主　编　娄　娟　娄　飞

副主编　唐　宁　胡　靖　葛现玲

　　　　周凡力　张长亮

U0295143

上海交通大学出版社

内容提要

本书共分三个模块、十项实训,涵盖应用型本科风景园林专业和园林专业人才培养方案中认知实习、技能训练以及专业综合实习的指导性方案,较为详细地介绍了每项实训的目的和目标、实训内容、时间安排及考核方法。

本书可作为应用型本科风景园林专业和园林专业教材,也可供园林从业人员参考。

图书在版编目(CIP)数据

风景园林专业综合实训指导/娄娟,娄飞主编.—上海:上海交通大学出版社,2018
ISBN 978-7-313-19811-2

Ⅰ.①风… Ⅱ.①娄…②娄… Ⅲ.①园林设计 Ⅳ.①TU986.2

中国版本图书馆 CIP 数据核字(2018)第 168765 号

风景园林专业综合实训指导

主　　编：娄娟 娄飞
出版发行：上海交通大学出版社 　　　　地　　址：上海市番禺路 951 号
邮政编码：200030 　　　　　　　　　　电　　话：021-64071208
出 版 人：谈　毅
印　　制：上海天地海设计印刷有限公司 　　经　　销：全国新华书店
开　　本：787mm×1092mm 1/16 　　　　印　　张：5.5
字　　数：118 千字
版　　次：2018 年 8 月第 1 版 　　　　　印　　次：2018 年 8 月第 1 次印刷
书　　号：ISBN 978-7-313-19811-2/TU
定　　价：36.00 元

风景园林专业和园林专业都属于实用技能型较强的专业，因此专业学习过程中，系统性的技能实训必不可少，它能够将专业所需要的技能融会贯通，从而为今后从事相关工作奠定基础。以往无论理论教材还是实训教材大多都是针对单门课程的，很少有大学四年整体的综合性实训计划的安排和指导。《风景园林专业综合实训指导》以国家实用技能型卓越农林人才培养计划方案和重庆文理学院人才培养方案为依据，围绕综合性技能训练项目，编制了实训指导，旨在培养综合性、应用性较强的风景园林和园林专业学生。

本书共分三个模块：认知实训模块、技能实训模块和专业实训模块。认知实训模块主要针对的是大一新生，指导其参观与专业相关的企事业单位以及城市景观绿地，使其了解专业的主要工作岗位和工作流程，使其在今后的学习中做到有的放矢；技能实训模块贯穿于大学的第二学期到第六学期，分别以该学期开设的主要课程和就业岗位需要的主要技能为依据，进行项目的设定和实训指导的编写；专业实训模块开设在第七学期，主要是以我国优秀园林典型案例——江南古典园林和北京皇家园林进行综合实训，在专业学习的基础上开阔眼界。

本书由娄娟、娄飞担任主编，负责统稿工作，具体编写分工如下：娄娟负责认知实习和园林制图技能实训；娄飞负责风景写生和城市绿地现状调查技能实训；胡靖负责场地测量技能实训；葛现玲负责园林建筑设计技能实训；张长亮负责园林工程施工与绿化管护技能实训；周凡力负责江南园林专业综合实训；唐宁负责北京园林专业综合实训。

由于编者水平有限，书中存在的错漏之处敬请各位专家学者指正。

编　者

2018 年 2 月 10 日

Contents 目 录

模块一
专业认知实训

实训一
风景园林专业认知实训

实训学时：1周
适用专业：风景园林

 **实训目的与目标**

（一）实训目的

通过风景园林认知实训使学生对本专业的培养目标以及应掌握的基本理论和基本技能有初步的认识；学生完成第一个学期基础课的学习，在第二学期开设该课程，以体验、参观、沟通、交流的方式了解本专业的学习内容和基本知识。学生对实际工作中本专业人才的基本要求有较细致的了解，为进一步明确学习目的和端正学习态度以及促进今后的学习打下良好的实践基础。当前各个院校风景园林专业培养的主要是景观规划设计、城市绿地系统规划、生态修复类人才，学生需通过认知实习了解风景园林专业今后能够从事的工作岗位和对城市景观建设有直观的感性认知，了解较好地完成景观规划设计类工作所具备的专业技能。培养学生对本专业的兴趣，激发学习热情，掌握一些最基本的专业知识和技术，为下一步专业课程学习和技能训练做准备。

（二）实训目标

1. 素质目标

（1）详细记录与分析参观体验的工作——观察能力，质疑、求实、创新及勇于实践的科学精神和科学态度。

（2）与风景园林工作者学习交流，体验其工作——建立对风景园林专业学习的兴趣以及理论联系实际和实践观念，树立正确的专业思想。

（3）撰写详细的参观或学习报告——确立求真务实的科学精神、认真细致的工作作风。

（4）分组进行认知实习的分工协作——培养学生互相帮助、互相学习的团队协作精神。

（5）克服认知实习工作中的困难，自主完成认知实习任务——养成学生能吃苦耐劳的工作态度。

2. 能力目标

（1）了解风景园林行业发展概况、基本范畴和基本工作项目。

（2）了解风景园林行业对景观规划设计师的基本要求；设计师应具备的基本素质及实际操作技能。

（3）了解本行业景观规划设计项目的基本工作流程。

（4）了解城市绿地系统规划的基本内容。

（5）观察与模仿景观规划企业和设计师的实际操作状态。

3. 知识目标

（1）掌握风景园林专业的特点和内容。

（2）掌握园林设计的发展概况、基本范畴和基本工作项目。

（3）掌握景观设计师的基本要求、应具备的素质及基本操作知识。

（4）掌握了解本行业设计项目的基本工作流程。

（5）掌握城市景观中涉及到的城市生态敏感区的基本类型。

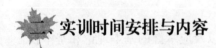 **实训时间安排与内容**

（一）时间安排

大一第二学期，包括暑假。

（二）实训内容

风景园林专业认知实训内容见表1-1。

表1-1 风景园林专业认知实训内容

序号	学习情境	学习内容	学习目标
1	风景园林设计企业或工作室参观	了解本专业景观规划设计行业发展概况、基本范畴以及基本工作项目	掌握风景园林规划的发展概况、基本范畴和基本工作项目

（续表）

序号	学习情境	学习内容	学习目标
2	城市规划设计院参观体验	了解当前城市规划设计院中城市绿地系统规划的重要性	掌握城市规划设计中的城市绿地系统规划的基本要求、应具备的素质及基本操作知识
3	城市绿地的参观与分析	了解城市景观中城市绿地景观的地位,选择一处城市绿地对其进行简单的认知分析	城市景观绿地的基本组成
4	城市中生态敏感区的参观	了解城市中哪些区域属于城市生态敏感区	掌握城市景观中城市生态敏感区的类型

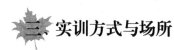 **实训方式与场所**

实训内容 1 安排在校内景观规划设计工作室或校外景观设计企业集中进行。

实训内容 2、3、4 安排在校外分散进行。建议选择学校所在地的城市规划设计院和城市景观。

四、考核内容、方法与标准

（一）考核内容

实训结束后,在规定期限内,以实训中的体会、感想和参观内容为主,结合所学基础知识以及查阅的文献资料,认真写出实训报告一份。

（二）考核方法

实训结束后,指导教师对学生在实训中的表现给予评价,并写出实训鉴定。

（三）考核标准

由带队教师和其他指导教师组成评估小组,对学生进行考核。内容包括实训日志和实训报告,并结合在实训过程中的表现,分五级记分(优秀、良好、中等、及格、不及格),评定成绩。分值带队教师占 60%，其他教师占 40%。

评定标准具体如下：

1. 优秀

实训中工作努力，吃苦耐劳，严格遵守实训纪律，及时认真完成各项实训任务。实训报告中能对整体情况进行系统分析，逻辑清晰，认识深入，有案例分析，能针对实际问题提出对策。

2. 良好

实训中工作较努力，能遵守各项规章制度，及时完成实训任务。实训报告完整、清晰、深入，有案例，能具体分析实际问题。

3. 中等

能按计划参加实训工作，遵守实训纪律，按要求完成实训任务，并写出有实际内容的实训报告。

4. 及格

基本能按计划参加实训工作，无违纪行为，能基本完成任务并写出实训报告。

5. 不及格

实训过程中工作随便，有违纪行为；不能按要求完成实训任务；报告严重脱离实际；工作不符合对实训学生的各项要求。凡有以上一条者，实训成绩为不及格。

五、实训要求

（1）遵守实训纪律，不能无故迟到、旷课、早退，有事必须向指导教师或公司请假。

（2）遵守指导教师的安排，按时、按质、按量完成实训内容。

（3）实训过程中分组合理，组员能够互帮互助，共同完成实训内容。

实训二
园林专业认知实训

实训学时：1 周
适用专业：园林专业

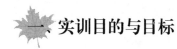 **实训目的与目标**

（一）实训目的

通过园林认知实训使学生对本专业的培养目标以及应掌握的基本理论和基本技能有初步的认识；学生完成第一学期基础课的学习，在第二学期开设该课程，以体验、参观、沟通、交流的方式了解本专业的学习内容和基本知识。联系当地园林生产实际，按照"感性认识—理论知识—实践验证—知识运用—技能获得"的认知规律，安排认知实训，先从学生对专业的感性认识培养开始。集中认知实训部分灵活采用问题式、项目式、任务式等教学模式，以培养兴趣为主，树立正确的专业思想。园林专业培养的是小尺度的园林设计人才、园林施工管理人才和园林植物生产类人才，学生需通过认知实训了解本专业今后的就业岗位类型和所需掌握的岗位技能，了解植物景观在城市中的地位，以及对城市中小尺度的景观设计有一定的认知。培养学生对本专业的兴趣，激发学习热情，掌握一些最基本的专业知识和技术，为下一步专业课程学习和技能训练做准备。

（二）实训目标

1. 素质目标
（1）详细记录与分析参观体验的工作——观察能力，质疑、求实、创新及勇于实践的科学精神和科学态度。

（2）与园林工作者学习交流，体验其工作——建立对园林专业学习的兴趣以及理论联系实际和实践观念，树立正确的专业思想。

（3）撰写详细的参观或学习报告——确立求真务实的科学精神、认真细致的工作作风。

（4）分组进行认知实习的分工协作——培养学生互相帮助、互相学习的团队协作精神。

（5）克服认知实习工作中的困难，自主完成认知实习任务——养成学生能吃苦耐劳的工作态度。

2. 能力目标

（1）了解园林行业发展概况、基本范畴。

（2）了解园林行业园林设计岗位对设计师的基本要求、设计师应具备的基本素质及实际操作技能。

（3）了解小尺度设计项目的基本工作流程。

（4）了解园林植物生产的基本流程。

（5）了解园林硬质景观施工和软质景观施工的大致流程。

3. 知识目标

（1）掌握园林专业的特点、内容及就业岗位类型。

（2）掌握小尺度园林设计师的基本要求、应具备的素质及基本操作知识。

（3）掌握园林植物生产岗位的基本要求。

（4）掌握园林硬质景观施工的基本要求。

（5）掌握园林软质景观施工的基本要求。

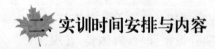 实训时间安排与内容

（一）时间安排

大一第二学期，包括暑假。

（二）实训内容

园林专业认知实训内容见表2-1。

表2-1　园林专业认知实训内容

序号	学习情境	学习内容	学习目标
1	园林设计企业或工作室参观	了解本专业设计行业发展概况、基本范畴和包括的基本工作项目	掌握园林设计的发展概况、基本范畴和基本工作项目

（续表）

序号	学习情境	学习内容	学习目标
2	园林施工企业参观	了解园林工程施工过程特点、园林机械操作安全等要求	掌握园林工程施工的基本流程以及园林机械使用的安全要求
3	植物生产企业参观	植物生产和流通过程	掌握植物生产的基本过程
4	城市绿地的参观与分析	了解城市景观中城市绿地景观的地位，选择一处城市绿地对其进行简单的认知分析	城市景观绿地的基本组成

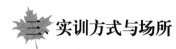

三、实训方式与场所

实训内容1安排在校内景观规划设计工作室或校外设计企业集中进行。

实训内容2安排在校外合作施工企业或正在施工的园林场地集中进行。

实训内容3安排在校内特色园林植物种植区域集中进行。

实训内容4安排在校外分散进行。建议选择学校所在地的城市绿地景观。

四、考核内容、方法与标准

（一）考核内容

实训结束后，在规定期限内，以实训中的体会、感想和参观内容为主，结合所学基础知识以及查阅的文献资料，认真写出实训报告一份。

（二）考核方法

实训结束后，指导教师对学生在实训中的表现给予评价，并写出实训鉴定。

（三）考核标准

由带队教师和其他指导教师组成评估小组，对学生进行考核。内容包括实训日志和实训报告，并结合在实训过程中的表现，分五级记分（优秀、良好、中等、及格、不及格），评定成绩。分值带队教师占60％，其他教师占40％。

评定标准具体如下：

1. 优秀

实训中工作努力，吃苦耐劳，严格遵守实训纪律，及时认真完成各项实训任务。实训报告中能对整体情况进行系统分析，逻辑清晰，认识深入，有案例分析，能针对实际问题提出对策。

2. 良好

实训中工作较努力，能遵守各项规章制度，及时完成实训任务。实训报告完整、清晰、深入，有案例，能具体分析实际问题。

3. 中等

能按计划参加实训工作，遵守实训纪律，按要求完成实训任务，并写出有实际内容的实训报告。

4. 及格

基本能按计划参加实训工作，无违纪行为，能基本完成任务并写出实训报告。

5. 不及格

实训过程中工作随便，有违纪行为；不能按要求完成实训任务；报告严重脱离实际；工作不符合对实训学生的各项要求。凡有以上一条者，实训成绩为不及格。

五、实训要求

（1）遵守实训纪律，不能无故迟到、旷课、早退，有事必须向指导教师或公司请假。

（2）遵守指导教师的安排，按时、按质、按量完成实训内容。

（3）实训过程中分组合理，组员能够互帮互助，共同完成实训内容。

模块二
专业综合技能实训

实训三
风景写生实训

训练学时：1 周
适用专业：风景园林专业

一、实训目的

　　手绘写生在风景园林专业教学活动中是一个重要的实践性教学环节，也是风景园林专业大型综合性实训课程。它着重培养学生最基本的设计表达技能——手绘技能，使学生掌握对景写生的技能，并养成随时随地收集素材的习惯。对景写生强调客观写实性描绘，同时也注重主观意识的表达，是和专业设计相结合的具体实践。写生中，通过对选择场地风景的考察、写生，能够熟练运用手绘技能，提高对景写生的能力，为专业设计表现技法打下良好的技术基础。

二、实训时间安排与内容

（一）时间安排

大一第二学期，共 1 周。

（二）实训内容

风景写生实训内容见表 3 - 1。

表 3 - 1　风景写生实训内容

序号	学习情境	学习内容	学习目标
1	园林单体要素景观	园林水体要素表现、园林山石表现、园林植物表现、园林小品表现	掌握室外园林单体要素的表现方法
2	建筑景观	建筑速写构图、建筑速写线条、建筑与周边环境搭配	掌握园林建筑单体景观的快速绘制
3	组合风景	园林室外组合风景速写平面构图；园林室外组合风景速写色彩搭配	掌握室外组合风景的现场绘制

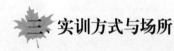 **三、实训方式与场所**

选择校内风景优美的场地、校外具有特色的村镇景观或园林景观进行集中实训。

四、考核内容与方法

（一）考核内容

（1）建筑风景钢笔速写，每天 1~2 幅。

能准确地抓住建筑物及周围景观的特征，形体准确，结构严谨，建筑物和周围的环境关系表达恰当。能把握好钢笔在表现风景上的协调补充作用，造型简练，线条明确流畅，表现力强，充分表现作者对自然的感受。

（2）园林景观速写，每天 1~2 幅。

能准确地抓住园林景观的构图特点，重点表达景观中的重要元素，色彩搭配美观。能把握好园林风景景观的设计特点，尤其是园林植物的造型表现。

（3）考察报告：每小组一份，写生结束后一周内上交。

对写生的区域有深刻的了解，对速写的建筑风景和园林风景有系统的说明和阐述，并结合自己的速写、写生加以记录整理，成为一个完整的考察报告。字数在 3 000 字左右。

（4）展览：写生结束后举办写生作品汇报展。原则上每人展出作品一幅，视水平而定。其他作品写生结束一周内整理好提交。

（二）考核方法

实训结束后，指导教师对学生在实训当中的表现、提交作品、实训报告给予评价，并写出实训鉴定。

实训报告占40％，建筑风景速写占30％，园林景观速写占30％。

五、实训要求

（1）遵守实训纪律，不无故迟到、旷课、早退，有事必须向指导教师请假。

（2）遵守指导教师的安排，按时、按质、按量完成实训内容。

（3）实训过程中分组合理，组员能够互帮互助，共同完成实训内容。

（4）实训过程中保管好自己的工具，不经允许不得随意改变路线。

实训四
园林制图实训

训练学时：1周
适用专业：园林专业

 **实训目的**

制图能力包括手绘制图和电脑制图，是风景园林专业和园林专业必备的能力。园林规划设计、园林工程施工图设计及园林竣工图绘制的呈现都必须以制图为基础，因此制图技能的学习始终贯穿专业学习。园林制图实训主要在于训练学生手绘制图和电脑制图的基本规范；掌握CAD软件命令的综合应用和园林景观轴测图绘制的方法；将实际景观通过测绘转化为手绘平面图和CAD景观平面图的基本方法。

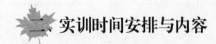 **实训时间安排与内容**

（一）时间安排

大一第二学期，共1周。

（二）实训内容

通过对校园实际绿地景观的简单测绘和手绘，掌握园林中将实际景观转换成手绘景观平面图、立面图和电脑平面图、立面图的技能。以景观平面图为基础,用园林制图中学习的轴测图绘制方法将平面图中的景观要素用轴测图进行表现,培养学生园林轴测图绘制能力。

1. 校园绿地选择基本情况

(1) 位置面积:校园绿地面积 1 500～3 000 m²,平面形状保持完整,以道路或建筑作为绿地的边界线。绿地类型不限。

(2) 绿地景观要素:必须包括园路、建筑小品和植物,其他不限。植物要素中必须有乔木、灌木和地被。

2. 校园绿地测绘内容

(1) 测量内容:平面测量包括绿地形状、绿地尺寸、绿地建筑小品的位置和尺寸、绿地中各类植物的规格和位置;立面测量包括建筑小品的高度、植物的高度。植物高度过高可以参考周边构筑物的高度进行大致估算;材料测量包括地面材料的形状和尺寸、建筑小品外立面的材料和尺寸。

(2) 测绘工具:不需要专业的测绘工具,只需要皮尺、钢卷尺等可以简单操作的测量尺寸的工具。

3. 实训成果

(1) 手绘校园绿地平面图:平面图图纸 A3 大小;能够正确反映校园绿地的形状和尺寸,正确反映绿地中的景观要素的位置和尺寸;有规范的图框,并填写完整;有平面图必备的要素(比例、指北针和图例);平面图中有不同的线宽(一般有细、中、粗三级线宽);图例的表现符合园林制图规范;图名书写准确。

(2) 立面图:立面图图纸 A3 大小;绘制校园绿地的正立面和侧立面;能够正确反映校园绿地的立面景观特色;必须有图名、比例和简单的标高;有规范的图框;立面图中建筑外轮廓线加粗。

(3) 轴测图:轴测图图纸 A3 大小;绘制轴测图的方法正确;轴测图中景观元素表现具有一定的美观性。

(4) CAD 景观平面图和立面图:CAD 景观平面图和立面图 A3 大小;电脑绘制的平面图和立面图与手绘图保持一致;图例的选择繁简适宜;有电脑绘图规范的图框并填写完整;填充图例比例合适;图纸黑白打印。

三、实训方式与场所

室外测绘部分在校园以集中与分散相结合形式进行,由老师对所测绘对象的特点和测绘要求进行集中讲解,再分组进行实际测绘。

实训内容手绘图纸部分在校内制图室集中进行;电脑图纸绘制部分在机房集中进行。

四、考核内容与方法

（一）考核内容

1. 手绘图纸部分

2～3 张 A3 图纸。要求图纸满足平面图、立面图的绘图规范；轴测图绘制方法正确，表现美观。

2. 电脑图纸部分

2 张 A3 图纸。其中一张为所测绘绿地平面图，一张为测绘绿地的立面图。

3. 实训报告部分

实训报告要求包括实训目的、实训问题、实训建议等，不少于 1 500 字。

（二）考核方法

实训结束后，指导教师对学生在实训当中的表现、手绘图纸部分、电脑绘制图纸部分和实训报告部分给予评价，并写出实训鉴定。

手绘图纸部分占 40%，电脑绘制图纸部分占 30%，实训报告占 20%，实训过程表现占 10%。

五、实训要求

（1）遵守实训纪律，不能无故迟到、旷课、早退，有事必须向指导教师请假。

（2）遵守指导教师的安排，按时、按质、按量完成实训内容。

（3）实训过程中分组合理，组员能够互帮互助，共同完成实训内容。

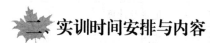

实训五
场地测量实训

训练学时：1 周

适用专业：风景园林专业、园林专业

一、实训目的

　　园林场地测量是测量学课程的重要组成部分，它除验证课堂教学外，是巩固和深化所学到课堂知识的重要环节，同时加强学生对课程内容的深入理解，培养学生具有独立工作的能力。尤其是通过对具体项目的应用，为相关专业的后续课程及今后从事园林工作打下良好的基础。

　　场地测量要求学生能够熟练使用自动安平水准仪、电子经纬仪、钢尺；能够熟练进行水准测量的外业和内业；能够进行大比例尺的绘制和小地区的控制测量；熟悉施工放样及地形图的应用。

二、实训时间安排与内容

（一）时间安排

大二第三学期，共 1 周。

(二)实训组织

工程测量队下设测量小组,每组选出组长一人,负责本组的计划、分工、资料管理和仪器、工具保管等工作。在实训中,要进行各种测量工作,不同的工作需要使用不同的仪器,测量小组可根据测量方法配备仪器和工具。实训过程中根据实训项目的进度情况,分期分批领取下列仪器设备。

1. 经纬仪导线法(图根控制测量)

经纬仪导线测量设备见表 5-1。

表 5-1 经纬仪导线测量设备一览表

仪器及工具	数量	用途
木桩、小钉	各约 20 个	图根点的标志
记号笔	1 支	画标志
水准仪及脚架	1 套	水准测量
水准尺	2 根	水准测量
经纬仪及脚架	1 套	水平角测量
标杆	2 根	水平角及距离测量
记录、计算用品	1 套	记录及计算

2. 碎部测量(经纬仪测绘法)

碎部测量设备见表 5-2。

表 5-2 碎部测量设备一览表

仪器及工具	数量	用途
经纬仪及脚架	1 套	碎部测量
钢尺	1 把	量距、量仪器高
水准尺	2 根	碎部测量
记录用品	1 套	记录及计算
绘图板	1 套	绘图
60 cm 直尺或丁字尺	1 根	绘制方格网
量角器	1 个	绘图
科学计算器	1 个	计算
铅笔、橡皮、小刀、胶带纸、小针、草图纸	若干	地形图测绘及整饰

（三）实训内容

测量学实训内容见表 5-3。

表 5-3 测量学实训内容列表

序号	学习情境	学习内容	学习目标
1	园林场地	高程控制测量、平面控制测量	掌握高程控制测量方法和水准仪的使用；掌握平面控制测量方法和经纬仪的使用
2	园林局部场地	碎部测量	掌握碎部测量方法
3	制图教室	内业计算、场地平面图绘制	掌握测量数据内业计算的方法；掌握绘制场地平面图的方法

（四）实训步骤

1. 高程控制测量

线路：绕广场一圈，形成闭合的水准路线。

（1）水准仪的检验。

（2）用普通水准测量方法测定各图根点的高程，根据已知高程点（水准点）及地形条件拟定所采用的水准路线，高差闭合差应不超过 $\pm 30\sqrt{L}$ mm（L 为路线总长度）。

（3）高程控制测量：根据高级水准点，沿各图根控制点进行水准测量，形成闭合水准路线。

水准测量可用自动安平水准仪沿路线设站单程施测。注意前后视距应尽量相等，变动仪器高法进行观测。为保证测量精度，视线长度最好不超过 20 m，各站所测两次高差的互差应不超过 5 mm，普通水准测量路线高差闭合差应不超过 $\pm 30\sqrt{L}$ mm。

2. 平面控制测量

地点：校园广场。

（1）经纬仪的检验。

（2）图根导线测量的外业工作：每一个实训小组在测区范围内选定不少于 8 个控制点，按图根导线的精度要求进行施测。图根导线的技术要求如表 5-4 所示。

表 5-4 图根导线的技术指标

距离往返丈量对误差	上下半测回较差（电子/光学）	电子经纬仪测绘法测回数	相对闭合差	角度闭合差
1/2 000	≤(30″/40″)	1	1/2 000	$\pm 60''\sqrt{n}$（n 为导线的观测角度个数）

(3) 踏勘选点：各小组在指定测区进行踏勘，了解测区地形条件和地物分布情况，根据测区范围及测图要求确定布网方案。选点时应在相邻两点都各站一人，相互通视后方可确定点位。

选点时应注意以下几点：

① 相邻点间通视好，地势较平坦，便于测角和量边。

② 点位应选在土地坚实、便于保存标志和安置仪器处。

③ 视野开阔，便于进行地形、地物的碎部测量。

④ 相邻导线边的长度应大致相等。

⑤ 控制点应有足够的密度，分布较均匀，便于控制整个测区。

⑥ 各小组间的控制点应合理分布，避免互相遮挡视线。

(4) 点位选定之后，应立即做好标记。若在土质地面上，可打木桩（木桩可用竹筷代替），并在桩顶钉小钉或画"十"字作为点的标志；若在水泥等较硬的地面上，可用记号笔画"十"字标记。"十"字线条不宜过粗。在点的标记边的固定地物上用记号笔或油漆标明导线点的位置并编写组别与点号。导线点应分等级统一编号，便于测量资料的管理。为了使所测角既是内角也是左角，闭合导线点可按逆时针方向编号。

3. 平面控制测量外业观测

(1) 导线转折角测量：导线转折角是由相邻导线边构成的水平角。一般测定导线延伸方向左侧的转折角，闭合导线测内角。导线转折角可用电子经纬仪按测回法测一个测回。水平角上、下半测回角值之差应不超过 $30''/40''$；否则，应重新测量。图根导线角度闭合差应不超过 $\pm 60''\sqrt{n}$，n 为导线的观测角度个数。

(2) 边长测量：边长测量就是测量相邻导线点间的水平距离。经纬仪钢尺导线的边长测量采用钢尺量距。钢尺量距应进行往返丈量，其相对误差应不超过 1/2 000。若钢尺丈量的是斜距，则必须考虑高差的影响，用勾股定理，将斜距换算成平距。

(3) 图根导线测量的内业计算：在进行内业计算之前，应全面检查导线测量的外业记录，有无遗漏或记错，是否符合测量的限差和要求。发现问题应返工重新测量。

(4) 使用科学计算器进行导线点坐标计算：计算时，角度值取至秒，高差、高程、改正数、长度、坐标值取至毫米。

首先绘出导线控制网的略图，并将点名点号、已知点坐标、边长和角度观测值标在图上。在导线计算表中进行计算。计算表格式可参阅表 5-5、表 5-6、表 5-7、表 5-8、表 5-9、表 5-10。

4. 地形图测绘

(1) 准备工作：选用 35 cm×50 cm 坐标纸，并根据控制点坐标按比例尺 1∶500 展绘各控制点，最后用比例尺量出各控制点间距离。与实地水平距离比较，相差不超过图上 0.3 mm。

(2) 地形图测绘：各小组在完成图根控制测量的全部工作以后，就可进入碎部测量阶段。

表 5 - 5 普通水准测量表格(变动仪器高法)

组号: 测量: 记录: 扶尺: 其他: 日期:

测站编号	后尺	下丝/m	前尺	下丝/m	水准尺读数		高差/m	两次高差差值/≪ 5 m	平均高差/m	备注
		上丝/m		上丝/m						
	后视距/m		前视距/m		中丝后视/m	中丝前视/m				
	视距差/m		视距累计和/m							

表 5 - 6　水准测量内业计算表

计算：

点号	距离 D/m	实测高差 h/m	高差改正数 v/m	改正后高差 h/m	高程 H/m
辅助计算	$f_h =$　　　　　　　$f_{h容} =$				

表 5-7 闭合导线角度记录表

组号： 测量： 记录： 日期：

测站	竖盘位置	目标	读数/(°)	半测回角度值/(°)	校差	一测回角度值/(°)

表5-8 闭合导线边长记录表

组号： 测量： 记录： 日期：

测站点	观测点	竖盘读数/(°)	竖直角/(°)	上丝读数/m	下丝读数/m	上下丝间隔/m	距离/m

表 5 - 9　闭合导线坐标计算表

仪器型号：　　组号：第　组　观测时间　　年　月　日　天气：　　观测：　　记录：　　计算：　　复核：

点号	观测角/°′″ (°″)	改正数/″ (″)	改正后角值/°′″ (°′″)	坐标方位角/°′″ (°′″)	边长/m	增量计算值		改正后坐标增量		坐标		备注
						△X	△Y	△X	△Y	X/m	Y/m	
												已知
												点坐标为： x=___ y=___点
												坐标为： x=___ y=___
Σ												
辅助计算									略图			

027

表 5-10　碎部测量记录表

组号：　　　　测量：　　　　记录：　　　　日期：

测站	后视点	观测点	水平角/(°)	竖直角/(°)	上丝读数/m	下丝读数/m	上下丝间隔/m	视距 m

任务安排：在测站上各小组可根据实际情况,安排观测员1人、绘图员1人、记录计算1人、跑尺1~2人。

根据测站周围的地形情况,全组人员集体商定跑尺路线,可由近及远,再由远及近,按顺时针方向行进。路线要合理有序,防止漏测,保证工作效率,并方便绘图。提出对一些无法观测到的碎部点处理的方案。

(3)仪器的安置：准备仪器及工具,进行必要的检验与校正。

在图根控制点A上安置(对中、整平)经纬仪。

将图板固定在三脚架上。三脚架设在测站旁边,目估定向,以便对照实地绘图。在图上绘出AB方向线,将小针穿过半圆仪(大量角器)的圆心小孔,扎入图上已展出的A点。

望远镜盘左位置瞄准控制点C,读出水平读盘读数,该方向值即为∠BAC。用半圆仪在图上量取∠BAC,对两个角度进行对比,进行测站检查。

(4)跑尺和观测。

(5)碎部点选择：碎部点应选地物、地貌的特征点。对地物应选在地物轮廓线的方向变化处,如房角点、道路转折点、交叉点、池塘转弯点及独立物的中心点。

跑尺员按事先商定的跑尺路线依次在碎部点上立尺。注意尺身应竖直,零点朝下。跑尺员随时观察立尺点周围情况,弄清碎部点之间关系,地形复杂时还需绘出草图,以协助绘图人员绘图。

(6)碎部测量数据采集：采用经纬仪测绘法,将经纬仪安置在测站上,用零度零分后视另一已知点,经纬仪盘左位置瞄准各碎部点上的标尺,读取水平度盘读数β并记录。

用视距测量的方法测定碎部点平距,观察竖盘读数,判定视准轴是否水平,精度在1分之内。在经纬仪上读取上、下丝读数(读至毫米),并计算上下丝间隔。根据上述读数记录并计算平距。

(7)绘制碎部点。

① 展方向：绘图员按所测的水平角度值β,将半圆仪(大量角器)上与β值相应的分划线位置对齐图上的AB方向线,则半圆仪(大量角器)的直边就指向碎部点方向。

② 展距离：在该方向上根据所测距离按比例确定碎部点。

(8)注意事项：碎部点在图上密度达到2~3 cm有一点(即1：500比例尺在实地上每隔10~15 m跑一个点)。碎部点的间距最大不超过图上3 cm,最大视距对于1：500的比例尺,主要地物为50 m,次要地物为70 m。

数据采集后,绘图人员立即根据水平角、平距,用量角器及比例尺在图上定碎部点的平面位置。绘图时应对照实地,边测边绘,所有地物应在现场绘制完成。绘图人员要注意图面正确整洁、注记清晰,并做到随测点,随展绘,随检查,随连接地物轮廓线,做到站站清。

每观测20~30个碎部点后,应重新瞄准起始方向,检查其变化情况。起始方向读数偏差不得超过$4'$。

当一个测站的工作结束后,应进行检查,在确认地物、地貌无测错或测漏时才可迁站。当仪器在下一站安置好后,还应对前一站所测的个别点进行观测,以检查前一站的观测是否有误。及时发现问题，予以纠正。

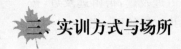三、实训方式与场所

校内广场室外测量部分由老师集中进行讲授，学生按照安排的时间进程分散进行，老师进行指导。

校内广场测量内业计算部分在制图室集中进行。

测量图纸绘制在校内机房集中进行。

四、考核内容与方法

（一）考核内容

测量表格：要求外业测量表格格式规范，记录数据清晰，符合要求。

内业计算表格：要求内业计算表格表格填写规范，计算数据准确，满足计算精度要求。

测绘图纸一份：要求电脑绘制广场平面测绘图，标出重要地物的标高和坐标，图纸清晰，线条宽度设定正确，符合规范。

每小组提交实训报告一份：包括实习目的、实习步骤、实习中出现的问题及实习体会。

（二）考核方法

实训结束后，指导教师对学生在实训当中的表现、表格和测绘图纸部分、实训报告给予评价，并写出实训鉴定。

实训报告占 30％，测量表格、内业计算表格占 30％，测绘图纸占 40％。

五、实训要求

（1）请假制度：一般不准请假。有特殊情况或因病中途不能参加实训者，凭请假条到系学工办理请假手续。

（2）仪器保管制度：安全第一，测量过程一定要注意人身及仪器安全。按小组实行正副组长责任制，组员必须听从组长的任务安排，紧密协同本组的测量工作。坚持实事求

是、认真负责的工作作风。各组仪器应指定专人妥善保管,做好登记卡,如有丢失或损坏,及时报告指导教师和实验室老师,除按制度赔偿外,视情节轻重给予一定的处分。

（3）工作时间：每天上午 8：30—11：30、下午 2：30—5：00 为集中实训时间。

（4）严格按照实训计划安排和指导教师的具体要求组织并开展实训工作。严格遵守纪律,按时、按质、按量独立或分组完成实训任务。

（5）掌握常用的各种测量仪器的使用方法,并能将其应用于实际测量工作中。能够将测量数据转换绘制成为平面图纸。

（6）掌握以上的内容,并在此基础上完成相关图纸的绘制和实训报告。

实训六
城市绿地现状调查实训

训练学时：1周
适用专业：风景园林、园林专业

一、实训目的

　　城市绿地现状调查是城市绿地系统规划和园林规划设计相关工作的基础，也是完成科学、合理的城市绿地建设的重要保障。城市绿地现状调查实训的目的在于培养学生现场调查和搜集信息的能力，学习科学的调查研究方法以及科学合理的现状分析能力，并有效地掌握城市绿地的分类和合理布局的方法，通过实训使学生初步了解城市绿地系统和园林规划设计的基本理论和规划设计技能；以调研、统计、分析、绘制等方式使学生了解城市绿地的学习内容和基本知识。

二、实训时间安排与内容

(一) 时间安排

大二第四学期，共1周。

（二）实训内容

1. 绿地系统规划现状调研

绿地系统规划是一个城市或者一个区域的各类绿地的综合调研，通过调研得出所选区域中各类绿地的位置、面积、植物组成等情况，通过分析调研结果，绘制图纸，同时给出所选区域的绿地系统结构是否合理。重庆文理学院所选区域为永川区凤凰湖工业园区，其他学校可以选择所在城市的相对独立城市新区或工业园区作为调研对象。

（1）凤凰湖工业园区概况：凤凰湖工业园是永川工业园区"一区三园"之一，因辖有城区三湖之一的凤凰湖而得名，园区控制规划面积 50 km²，近期规划面积 30 km²，已建成 10.2 km²。是重庆市都市工业园、电子信息（元器件）产业园、笔记本电脑 PCB 和适配器产业园、科技孵化器、中小企业创业基地和全国农业机械化综合示范基地。

凤凰湖工业园区的绿地系统主要由道路绿地、公园绿地、附属绿地、水域等构成。凤凰湖工业园区地势较平坦，整个园区用地布局按照水敏感性较高地区优先布局公园、绿地的原则，优化道路线性结构和用地结构。

（2）调研内容：

① 了解城市结构、布局特点（自然地形、凤凰湖工业园区各类用地布局）。

② 勘查园区各类绿地的绿化状况、绿地性质及其建设、管理水平。

公园绿地：级别、性质、特色。

道路绿地：面积、状况、植物种类。

附属绿地：城市用地框架下的绿化现状。

水域：名称、级别、状况。

③ 搜集现状照片。

（3）实训成果：

① 文字报告：对凤凰湖工业园区的现状进行分析，撰写研究分析报告。分析内容有园区的绿地现状以及如何改变现状；两者的关系；将来的发展。

② 实测图纸。现状图纸三张即区位分析图、综合用地现状图、城市绿地现状分析图。

③ 绿地调查表：绿地调查表见表 6 - 1。

表 6 - 1　城市绿地现状调查表

编号	地点	绿地面积	配置模式	植物名称、数量、生长状况	照片编号起止	备注

（续表）

编号	地点	绿地面积	配置模式	植物名称、数量、生长状况	照片编号起止	备注

2. 城市道路绿地现状调研

城市道路绿地是城市绿地系统的重要组成部分，在维护城市生态平衡和提高城市景观方面作用巨大。城市道路有不同的类型，各种道路对绿化有不同的要求。重庆文理学院选择重庆市十大最美景观道路之一的永川兴龙大道项目，其他学校可以选择所在城市道路红线宽度大于 60 m、景观丰富的道路景观作为调研对象。

（1）兴龙大道项目概况：兴龙大道项目位于永川新区瓦子铺处，北邻岳河桥，南至城市职业学院岔口，南北分别连接城区一环路和成渝高速公路，包括高速公路匝道口。兴龙大道对永川区发展至关重要，它既是对外的交通枢纽线和形象展示区，又是永川新城内部交通的主要干线，同时连接了永川的三湖公园和城市外来商圈的复合业态交通轴。

兴龙大道全长 4.5 km，用地面积约 100 000 m^2，跨越城市东西向道路 11 条，其中城市道路规划红线宽 100 m。地形微伏，景观质量高，植物群落丰富。

（2）调研内容：调查分析兴龙大道的道路结构、绿地结构及构成道路绿地的植物种类，通过对永川兴龙大道及其绿化状况的现场认知，把握城市道路绿化的形式和内容，提高感性认识，为道路绿化设计打好基础。

① 兴龙大道的路面结构。

② 中央分车带的绿化情况。

③ 两侧绿化带的绿化情况。

④ 行道树的选择和种植情况。

⑤ 绿化带植物种类的统计。

（3）实训成果

① 文字报告：对龙兴大道的现状进行分析。分析内容有：道路绿地的现状、植物种类多样性、景观质量、将来可以提升的方面。

② 实测图纸：实测兴龙大道的 100 m 典型标准段。图纸内容包括平面图、立面图、横断面图、植物配置图及整体设计说明。

③ 植物种类及配置情况调查表：植物种类及配置情况调查表见表 6 - 2。

表 6 - 2　绿化植物（树木、草坪地被）调查统计表

种名	科名	植物形态			生长状况			株树	丛数	面积/m²	病虫害	
		乔木	灌木	草本	优良	一般	较差				有	无

3. 城市公园绿地调研

城市公园是城市绿地系统的重要组成部分，为城市居民提供必要的户外活动空间，并对维护城市生态平衡发挥着巨大的作用。城市公园有不同的类型。根据 2002 版《城市园林绿地分类标准》（CJJ/T 85 - 2002），城市公园绿地分为 5 个中类和 11 个小类。最新 2018 版《城市园林绿地分类标准》（CJJ/T85 - 2017）从 2018 年 6 月 1 日正式实施，2002 版废除。新版标准中城市公园绿地分为 4 个中类 6 个小类，不同城市在公园绿地的建设和管理上存在较大的差异。重庆文理学院选择永川新城景观建设中具有重要地位的城市公园绿地兴龙湖公园和凤凰湖公园，其他学校可以选择学校所在城市或者临近城市具有代表性的城市公园作为调研对象。

（1）兴龙湖公园、凤凰湖公园概况：

① 兴龙湖公园：兴龙湖公园位于永川兴龙大道的中间，属于永川政府打造的"三湖时代"的生态休闲商务中心。兴龙湖公园兴建于 2008 年，规划用地面积约 2 km²，水体面积约 133 400 m²。兴龙湖公园主要体现永川的两大地域文化：龙文化与茶文化。兴龙湖公园以山水为中心，以山林为背景，创建山水相依的特色城市滨水空间和天人合一的山水商务区。

整个公园包括六"宜"文化区：

风尚之港——怡区。该区以商业休闲娱乐为主，有多种活动空间，与商务岛一起构筑多媒体表演水广场，形成以龙为主题的兴龙湖水上展示中心。通过景观廊引导人流从入口广场走向滨水空间。

湖滨林荫道——逸区，该区以人文体验、滨湖休憩为主。将永川新区规整的滨水融合到一起，利用地形设计茶田，作为滨湖带的屏障，将城市的喧嚣隔绝在外。是一片安静、舒适的滨水散步空间。

玲珑湾——弈区，玲珑湾结合水湾开阔的视野将滨水空间与商务空间融为一体，是一

个雅致且充满上午休闲气息的龙形水湾,着重考虑景观与地形的结合,营造出一个风光独特的台地式滨湖入口景观。

茶博园——仪区,该区域以传播茶文化为主题,承载着永川的文化和礼仪。通过差异主题园、运动康健、竹海长廊等多种项目。为人们营造一个感受新礼仪的自然空间,树林中的竹海长廊,连接湿地观景亭和茶艺会馆两大重要节点,同时也是生态体验和湿地科普的教育基地。

商务会所——奕区,该区域为商务人士提供高档交流场所,包含高档商务会议、时尚沙龙、主题餐厅功能板块。同时为商务人士提供高档的上午休闲场所,以及生态的室外交流空间。

现代水岸——谊区,该区域营造了一个户外的交流空间,并建有滨水空间与风情商业街、露天咖啡吧等多种景观设施。将艺术元素纳入景观设计中,为创智乐活港提增添了艺术气息。

兴龙湖公园既是文化融合的城市公园,同时也是繁荣昌盛的商务区。

② 凤凰湖公园:凤凰湖水体公园位于凤凰湖工业园中部,距离永川高速公路出口约 6 km 路程,东有永津路,北面紧邻重庆城市职业学院,永津路从西面和南面绕过,四面均为城市干道,交通十分便利。它还是观音岩山体绿带、石松大道绿化带和临江河绿化带延伸的交汇点,是永川城市绿化体系的重要景观节点。

公园用地现状地形酷似凤凰展翅翱翔,故整个公园规划设计均以"凤凰"立意,通过园林建筑及小品、石景、绿化造景等造园要素,如结合现状地形山势营造凤凰岛形态,以亲水平台为凤冠,以道路为凤凰血脉,通过植物树阵的排列变化,形成凤凰的羽毛纹路等,突出凤凰文化主题,使凤凰湖水体公园景观别具一格,具有鲜明的地域特征。

整个公园规划占地 0.8 km^2,其中凤凰湖水体约 0.165 km^2。公园规划结构为"一核两块六片区"。"一核"是以凤凰湖为景观核心,"两块"是以湖面为分界线,形成的凤凰岛片区和周边山体片区,"六片区"则是凤舞港、凤憩园、凤翔岛、凤鸣街、凤栖湾、凤仪苑。

六片区展现"凤凰"美景。

寓意"凤凰涅槃,浴火重生"的凤舞港。在公园的北端,规划有景观树阵、古树恩龄、文化景墙、十八凤柱、风之舞、时代舞台、音乐喷泉等。

寓意"太平盛世,凤呈祥瑞"的凤憩园。这个片区的建筑因地就势,分台错落,形成有鲜明地域特色的山地景观建筑。规划布置凤憩宾馆、景观广场、文化墙、苏堤杨柳、彩云天池等。

寓意"凤舞九天,四海求凰"的凤翔岛。小岛将以人行小道构成凤凰血脉,以树阵形式形成凤凰羽毛纹路,形成极具特色的凤凰尾部绿化特征。岛上规划布置了会展中心,具有工业展示、会议、商务及餐饮娱乐等综合配套功能。同时还布置了凤凰阁、游风广场、凤冠平台、凤舞树阵、凤鸣台等。

寓意"凤凰彩羽,灼灼其华"的凤鸣街。设置在凤凰岛西部,与凤凰岛呼应,结合水岸线以及滨水绿化打造具有地域特色的餐饮商业街,设有码头、游船等与之配套。

寓意"凤栖梧桐,灵气自生"的凤栖湾。位于凤凰湖南端,布置有生态湿地、芦汀花语、雾花赏虹、虹桥荷花等景观。

寓意"萧韶九成，有凤来仪"的凤仪苑。打造森林掩映之下的公园周边景观居住小区，建筑风格考虑以简欧风格和新中式建筑风格结合为主。

（2）调研内容：调查分析公园的绿地构成、规模等，通过对城市公园的现场认识，了解城市公园的绿地构成、设施、布局与使用情况，为规划绿地系统中的公园绿地奠定基础。

① 公园绿地的功能分区。

② 入园人数、活动情况、人流集中区域统计（场地设置和使用情况）。

③ 公园体育、游乐设施情况调查，包括设施名称、数量、可利用程度、使用情况及游人评价。

④ 公园植物种类及配置情况。

⑤ 引导标识和卫生设施情况调查。

（3）实训成果：

① 文字报告：对现状进行分析，撰写现状研究分析报告。分析内容有：公园的绿地现状；绿地构成形式；公园的功能分区；公园的游人数量、年龄构成、活动区域的分布与公园功能分区的联系；公园将来的发展。

② 相关图纸：公园平面图、典型区域剖立面图、重点景观区效果图、重点景观区植物配置图。

③ 植物种类及配置情况调查表：植物种类配置情况调查表见表6-2。

4. 城市公共设施绿地调研

城市公共设施绿地是城市绿地系统的重要组成部分，包含在城市规划中的各类用地中，在城市绿地系统中面积较大。根据《城市园林绿地分类标准》（CJJ/T85-2017），城市公共设施绿地属于城市附属绿地。重庆文理学院选择永川新城重庆文理学院新校区B区校园绿地，其他学校可以选择本校校园绿地作为调研对象。

（1）重庆文理学院红河校区B区概况：重庆文理学院红河B区位于永川区经济开发区，位于兴龙大道主干道旁，与观音山公园、永川中心新校区毗邻，风景优美，学术气息浓厚。B区一方面作为A区功能的延伸和补充，另一方面又自成体系。B区占地约0.14 km²，景观规划设计主题为天圆地方，凸显在北侧大门入口设计上；布局结构为两轴五区，主入口景观轴和北入口景观轴，按照使用功能进行分区分别为入口广场区、行政办公区、教学区、宿舍区、运动区和休闲区；校区内地形基本平坦，场地内地形起伏较大处位于食堂附近，主入口景观轴尽端；校区景观最富特色的为在原来低洼处进行工程改造形成的湿地景观，也是作为学校的景观休闲区；植物配置富有特色，满足学校各个不同区域的功能。

（2）调研内容：调查分析校园绿地的绿地构成、特点以及植物状况等，通过对校园绿地的现场认识，掌握校园绿地的特点以及和其他城市绿地的区别，为今后做校园绿地规划设计奠定基础。通过对校园绿地的调研分析，掌握校园绿地各个功能区的规划设计方法。

① 以小组为单位对重庆文理学院B区进行调查分析以及测绘。

② 调查分析学校附属绿地的构成及人均绿地面积。

③ 校园绿地植物种类及配置情况。

④ 从自身的学习生活中,总结校园绿地规划设计的条件,并从专业角度给予建议。

(3) 实训成果:实训成果主要包括 PPT 汇报、实训报告和相关图纸。

① PPT 部分。由小组成员共同完成调研 PPT。内容包括区位分析校园绿地结构、交通组织、景观要素布局、功能和使用状况。可以在此基础上进行拓展分析。

② 实训报告。报告内容包括附属绿地的绿地结构、交通组织、景观要素的布局(植物、小品、水面、铺装等)、功能及使用状况(不同年龄,不同专业使用人群的活动等)、从专业角度提出如何提升景观效果的建议。

③ 相关图纸:平面图、典型区域剖立面图、重点景观区效果图、重点景观区植物配置图等。

④ 植物种类及配置情况调查表:植物种类及配置情况调查表见表 6-2。

三、实训方式与场所

实训内容 1、2、3、4 室外调研部分采取集中与分散相结合形式进行,指导教师组织学生到现场进行集中讲解,学生分散完成调研作业。

实训内容 1、2、3、4 室内绘图部分采取集中实训形式,在校内制图室和机房电脑进行图纸绘制和幻灯片制作。

四、考核内容与方法

(一) 考核内容

1. 图纸部分

平面图、立面图、剖面图能够准确地表达考察对象的实际特征,通过测量精确地表现景观的实际尺寸,绘图规范。典型区域的景观效果图要求准确地抓住其主题景观的特征,形体准确,结构严谨,比例恰当。

2. 图表部分

按照表格的要求准确填写所调研区域的内容,收集的照片具有典型性。

3. 实训报告

对考察的区域有深刻的了解,加以记录整理,系统地说明和阐述调研对象的优缺点,成为一个完整的实训报告。字数在 3 000 字左右。

（二）考核方法

实训结束后，指导教师对学生在实训当中的表现、图纸部分、图表部分和实训报告给予评价，并写出实训鉴定。

实训报告占 30％，图纸部分、图表部分占 50％，实训过程表现占 20％。

五、实训要求

（1）遵守实训纪律，不能无故迟到、旷课、早退，有事必须向指导教师请假。

（2）统一坐车，带齐所需工具和资料。

（3）遵守指导教师的安排，按时、按质、按量完成实训内容。

（4）实训过程中分组合理，组员能够互帮互助，共同完成实训内容。

（5）实训过程中不得喧哗，不得破坏公共设施。

实训七
风景园林建筑设计实训

训练学时：1周
适用专业：风景园林专业

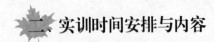 实训目的

风景园林建筑是园林中必不可少的景观要素之一，合理布置、设计风景园林建筑及与之协调的外环境是完成园林规划设计的重要保障。风景园林建筑实训的主要目的在于培养学生对建筑的调研、测绘能力，培养对风景建筑结构的认知能力以及设计能力，同时掌握如何根据场地环境设计处适宜的园林景观建筑。

二、实训时间安排与内容

（一）时间安排

大三第五学期，共1周。

（二）实训内容

1. 中国古典园林名亭抄绘

景亭是园林建筑的重要组成部分，尤其是古典园林中的木作景亭，其外观精美、结构

巧妙。通过对景点中的木作景亭的分析和临摹,掌握中国古建筑的基本结构形式,以及每个主要部件的名称、尺寸和作用。

(1) 抄绘景亭概况:

① 沧浪亭:位于苏州市沧浪区三元坊附近,毗邻颜文梁纪念馆。此亭筑于沧浪亭山之岭,正四方形,面积 31.36 m²,高旷轩敞,石柱飞檐,古雅壮丽。宋庆历间,文人苏舜钦始创,取"沧浪之水清兮,可以濯我缨。沧浪之水浊兮,可以濯我足"之意而名。

② 荷风四面亭:位于苏州拙政园内,亭名因荷而得,坐落在园中部池中小岛,四面皆水,莲花亭亭净植,岸边柳枝婆娑。

亭单檐六角,四面通透,亭中有抱柱联:"四壁荷花三面柳,半潭秋水一房山。"春柳轻,夏荷艳,秋水明,冬山静,荷风四面亭不仅最宜夏暑,而且四季皆宜。

③ 月到风来亭:位于网师园,彩霞池西,踞西岸水涯而建,三面环水,取意宋人邵雍诗句"月到天心处,风来水面时"。亭东二柱上,挂有对联"园林到日酒初熟,庭户开时月正圆"。

④ 真趣亭:狮子林的真趣亭堪称最富丽堂皇的亭子。该亭建于清代,依水面南,整座亭子金碧辉煌,精雕细琢,充盈皇家气息。尤其是匾额更令人目眩,上缀鎏金大字"真趣",为乾隆皇帝亲笔御题。亭内还有秀才帽、木刻屏风等富丽堂皇的装饰。

⑤ 梧竹幽居:位于苏州拙政园,建筑风格独特。梧竹幽居是一座方亭,为拙政园水体东部的观赏主景。此亭外围为廊,红柱白墙,飞檐翘角,面对广池,旁边有梧桐遮阴。亭的绝妙之处在于四周白墙开了四个圆形洞门,在不同的角度可以看到重叠交错的奇特景观。四个圆洞门通透、采光、雅致,又形成了四幅花窗掩映、小桥流水、湖光山色、梧竹清韵的魅力框景画面。

⑥ 陶然亭:是清代名亭,现为中国四大历史名亭之一,位于北京陶然亭公园中。北京陶然亭公园位于北京市西城区,建于 1952 年,是一座融古典建筑和现代造园艺术为一体的以突出中华民族"亭文化"为主要内容的历史文化名园。

⑦ 廊如亭:位于颐和园新建宫门以南的东堤上,俗名八方亭,始建于乾隆十七年(1752),光绪时重修。与十七孔桥、南湖岛在空间上互相映衬。

(2) 抄绘内容:抄绘至少上述案例中的两个亭子的平面图(平面图、柱网平面图)、立面图、剖面图、结构图。

(3) 实训成果:2 张 A3 图纸,包括亭子图纸抄绘以及对亭子外观以及结构的文字分析。

2. 景观建筑测绘

现代景观建筑在中国古典园林建筑的基础上进行了一定的再造,材料的选择更为丰富,体量相对来讲有所增大,实际测绘实际环境中的景观建筑对今后进行园林建筑设计至关重要。可选择校园内极具观赏性的景观亭作为测绘对象,或本地具有代表性的景观亭及其他景观建筑作为测绘对象并绘制相关图纸。

(1) 重庆文理学院桃花岛景观亭概况:桃花岛位于重庆文理学院卫星湖上,岛屿俯瞰呈心形,岛上种有 13 000 m² 桃树,品种多样。景观亭位于桃花岛上,为双重檐攒尖顶六角亭,与桃花岛上的植物、卫星湖形成水天一色的景观。

(2)测绘内容:

① 测绘桃花岛湖心亭的建筑结构以及与周边环境的关系。

② 测绘湖心亭的平面图(景观亭平面图、柱网平面图)、立面图、剖面图及结构图。

③ 收集现状照片。

(3)实训成果:

① 测绘图纸:桃花岛整体景观平面图、景观亭测绘平面图、景观亭测绘立面图、景观亭测绘剖面图。

② 实训成果:至少2张A3图纸。其中一张图纸为桃花岛整体景观平面图和相关文字分析;一张为根据桃花岛景观亭测绘绘制的相关图纸;其他可以根据需要增加图纸数量。

3. 园林景观建筑设计

园林景观建筑设计是风景园林专业必须掌握的一项基本技能,园林景观建筑在城市绿地中不可或缺;通过给学生指定场地条件,根据场地环境进行相应的园林景观建筑的设计与绘制,从而掌握园林建筑的功能、形式和结构的设计方法,进一步深化对园林建筑与环境关系的直观感受。可根据学校实际情况选取以下4个小项目中的1~2个进行园林景观建筑设计,并绘制相关图纸。

(1)园林景观亭的设计:

① 实训要求:掌握亭的平面、立面、剖面的表现方法,进一步巩固绘制园林建筑方案的基本表现技巧;掌握亭的设计特点,处理好亭的选址及其造型问题,充分考虑亭与自然环境的协调,注重亭的观景与点景的双重性;培养独立工作能力,提高设计水平,掌握小型园林建筑亭的设计方法和步骤。

② 设计任务:拟在某城市的公园(地形自定)建造一个亭子。建筑面积20~60 m²,材料、结构形式不限。

③ 实训成果:实训结束后,上交绘制图纸一份,包括1:100总平面图、1:50平面图、1:50立面图、1:50剖面图、效果图。图幅为A3图纸。要求无缺漏,图面比例准确,表达清楚,具有较好的表现力。

(2)小型茶室设计:

① 实训要求:培养学生掌握从场地分析开始构思建筑空间、内外交通组织,进而深入内部设计,形成从外向内构思过程的设计方法;掌握公园茶室建筑方案的设计技巧;掌握室内陈设与装饰的方法。

② 设计任务:拟在某城市的公园临水景区内(地形自定),建一个小型茶室,供游人使用。建筑规模350 m²(误差10%),1~2层,结构不限。具体指标如下:茶室(可集中或分散使用),200 m²;门厅(含接待与小卖部),70 m²;水间,40 m²;公室、值班室各一间,每间10 m²;洗手间,男女各一间,每间6 m²;储藏室,8 m²。

③ 实训成果:实训结束后,上交绘制图纸一份,图纸包括总平面图、平面图入口立面及另一临水立面图、剖面图、效果图。图幅为A3图纸。要求无缺漏,图面比例准确,表达

清楚,具有较好的表现力。

（3）公园入口设计:

① 实训要求:掌握公园进口的基本组成及类型;掌握公园进口的基本功能,尤其是空间引导及点缀功能;掌握公园进口的选址、设计方法。

② 设计任务:拟为某城市一个中型儿童公园设计一大门。要求该设计能体现公园的功能、性质和风格,造型个性鲜明、生动活泼、富有想象力。具体指标如下:大门出入口,宽约 $7\sim8$ m;门墩;门扇;售票室,约 4 m^2;检票室,约 2 m^2;门卫管理室,约 4 m^2;小卖部,约 4 m^2;停车场,约 10 m^2。

③ 实训成果:实训结束后,上交绘制的图纸一份,包括总平面图、平面图、立面图及详图;剖面图、效果图。图幅为 A3 图纸。要求无缺漏,图面比例准确,表达清楚,具有较好的表现力。

（4）景观公厕设计:

① 实训要求:了解公园公厕场地设计的基本要求,即基于人流路线的组织及功能分区的平面布局,以及简单的形体组合、建筑的立面划分、建筑物的朝向要求、建筑材料与构造的基本做法等;进一步建立比例尺度的概念,理解人体活动尺度和内外空间的关系,如蹲位的大小和洗手池、台阶、窗台、檐部、门的高度,以及墙面、地面分块等建筑处理,做到比例尺度基本合适;初步了解室内外装修设计的基本手法;正确绘制平面、立面图、剖面图,并理解三者之间的相互关系及影响。

② 设计任务:拟在某城市公园内建一中小型景观公厕,供游人使用。公园性质及地形自定。公厕占地面积 $150\sim200$ m^2,$1\sim2$ 层,结构形式不限。具体指标如下:男女便室,各 30 m^2;洗手室,20 m^2;管理室、储藏室各一间,每间 $8\sim10$ m^2。

③ 实训成果:实训结束后,上交绘制图纸一份,包括总平面图、平面图、立面图及详图、剖面图、效果图。图幅为 A3 图纸。要求无缺漏,图面比例准确,表达清楚,具有较好的表现力。

三、实训方式与场所

实训内容 1 在园林制图室集中进行。

实训内容 2 室外测绘部分在学校校园以集中与分散相结合形式进行,由教师对所测绘对象的特点和测绘要求进行集中讲解,再分组进行实际测绘。

实训内容 3 现场地形和环境调查阶段在校外进行,采取集中加分散形式进行,由教师对所选取的实际场地的基本情况做介绍,学生进行场地尺寸的测量;园林景观建筑设计和图纸绘制部分在校内制图室和机房集中进行。

四、考核内容与方法

（一）考核内容

1. 抄绘图纸

2 张 A3 图纸。要求图纸布局美观，内容无缺项，分析文字恰当。

2. 测绘图纸

至少 2 张 A3 图纸。其中一张图纸为桃花岛整体景观平面图和相关文字分析；一张为根据桃花岛景观亭测绘绘制的相关图纸；其他可以根据需要增加图纸数量。

3. 设计图纸

A3 图纸套图。

要求：总体布局与周边环境协调，交通流线顺畅，无遗漏，配景适当；平面设计布局合理，流线通畅，结构体系明晰，满足功能要求；立面设计有特点，投影正确，表达清晰，有形式美感；剖面设计空间关系准确，构造表达完整，标注完善；图面表现线型正确，表述完整，图面清洁有序。

（二）考核方法

实训结束后，指导教师对学生在实训当中的表现、抄绘图纸部分、测绘图纸部分和设计图纸部分给予评价，并写出实训鉴定。

抄绘图纸部分占 20％，测绘图纸部分占 20％，实训过程表现占 10％，设计图纸部分占 50％（其中总体布局占设计部分图纸分数的 20％，平面设计占设计部分图纸分数的 20％，立面设计占设计部分图纸分数的 20％，剖面设计占设计部分图纸分数的 20％，图面表现占设计部分图纸分数的 20％）。

五、实训要求

（1）遵守实训纪律，不能无故迟到、旷课、早退，有事必须向指导教师请假。

（2）不损坏借阅书籍。

（3）保证抄绘和设计过程中遵守纪律。

（4）实训过程中分组合理，组员能够互帮互助，共同完成实训内容。

实训八
园林工程施工与绿化管护实训

训练学时：1 周
适用专业：园林专业

 **实训目的**

  园林工程施工与绿化管护是园林工作中的重要环节。园林工程涉及园林工程施工图的绘制、园林工程施工（绿化栽植、园路、假山、给排水、塑造地形等多个分项工程）、园林工程竣工图的绘制以及后期园林绿化管护等内容，具有施工技术复杂、难度大、专业性强等特点。通过实训，培养学生对园林工程施工的重要环节的理解能力，以及施工图和竣工图的绘制能力，掌握园林施工图设计与园林工程施工环节的相互关系，认识园林工程绿化后期管护的重要性。

 **实训时间安排与内容**

（一）时间安排

大三第五学期，共 1 周。

（二）实训内容

1. 园林实际工程项目参观调研

园林工程项目的施工是园林工程的重要环节，通过对实际项目的参观和调研，促进学生掌握园林工程课程中学习的理论知识，深入理解各种工程设计的实施效果，以及工程施工与规划设计之间的关系。重庆文理学院选择永川新区施工工艺较为精细的神女湖公园工程项目，其硬质景观和软质景观的选材和施工都具有代表性。其他院校可以选择本地施工效果较好、面积略大、景观要素丰富的城市绿地作为参观调研对象。

（1）永川神女湖公园工程项目概况：神女湖公园位于重庆市永川新区北部的核心区域，规划面积约 0.8 km²。公园设计充分利用区域内山地与丘陵相结合的地理特征，构建了"两带、两心"的绿地系统结构和"三点、两山、两带"的景观空间格局。公园游线规划形成了湖滨步道、茶山步道、竹山步道、神女步道 4 组特色的回游路线，连接园内各个主题区域，刺激游人产生多次到访获得多种感受的主观欲望。

公园设计围绕滨水景观空间的体验性塑造，依据自然湖岸的延展与闭幽分别营建了泊船码头、湖滨栈道、水生湿地等亲水设施增加游客融入实景的感受；围绕主题区域植栽的观赏性营造，梳理不同区域的骨干自然植栽，增植随季节变化的色叶开花植物，使游客感受随季象变换的常来常新；围绕神女传说故事的视觉性打造，在各个观景园处通过多种景观元素手法结合唐风造园的意境将神女的抽象故事进行具象传递。

（2）调研内容：

① 了解神女湖公园景观（包括竖向施工、景观要素施工）的大致施工工艺。

② 调研神女湖公园施工材料的类别：地面铺装材料的材质、颜色、规格、应用；建筑小品材料的材质、颜色、规格、应用；植物材料的种类、规格、应用。

③ 搜集场地工程材料照片。

（3）实训成果：

① 对神女湖公园景观施工现状进行分析：景观地面铺装材料应用情况、建筑小品施工情况和材料应用、水景不同驳岸的施工工艺分析、植物景观施工工艺分析。

② 对神女湖景观施工的优劣进行总结。

③ 成果表达方式：景观施工分析报告。

2. 园林实际工程项目竣工图绘制

园林工程竣工图是园林工程项目最后进行结算的重要环节。竣工图是在施工图的基础上根据施工现场变更绘制的，学会了竣工图的绘制，相应的施工图绘制也就有了一定的基础。重庆文理学院选择兴龙湖公园中的景观绿地，通过实地测绘，绘制竣工图。其他学校可以根据实训的基本要求选择相应的景观绿地进行竣工图绘制。

（1）兴龙湖公园某景观绿地概况：

① 位置面积：选择兴龙湖绿地面积 2 000～3 000 m²，要具有典型性，有一定的竖向变化，平面形状保持完整，以道路或建筑作为绿地的边界线。

② 景观要素：选择的景观绿地景观要素必须包括园路、建筑小品和植物，其他不限；植物要素中必须有乔木、灌木和地被；施工材料不能过于单一。

（2）竣工图测绘内容：

① 测绘工具：简单的测绘工具。需要皮尺、钢卷尺等操作简单的测量尺寸的工具。测绘前必须绘制平面草图。

② 测绘内容：景观绿地坡度测绘，估算所选择绿地的大致坡度，确定其最高点和最低点；平面测量内容包括绿地形状、绿地尺寸、绿地中建筑小品的位置和尺寸、绿地中各类植物的规格和位置；立面测量内容包括建筑小品的高度、植物的高度。植物的高度过高的情况下，可以参考周边构筑物的高度进行大致估算。材料测量内容包括地面材料的形状和尺寸、建筑小品外立面的材料和尺寸。

（3）实训成果：

① 景观绿地竣工图套图：A3 套图。包括竣工平面图、物料图、竣工详图、

植物种植竣工图（如果植物多，可以细分乔木、灌木和地被竣工图）、竣工说明、其他根据场地特点需要提交的图纸。

② 测绘前的平面草图：要求有相对完整的尺寸说明。

③ 植物苗木表：苗木表规范，乔木、灌木和地被植物分开列表。

3. 实际项目的景观管护方案

园林景观的管护是保证施工完成后的景观效果得以持续保持的重要环节，包括硬质景观管护和软质景观管护。通过对建成后的实际项目的景观管护方案的实训，促进学生更深入地理解园林工程竣工后的景观管护环节。重庆文理学院选择地形起伏较大，具有丰富硬质景观和软质景观的永川观音山公园，对其进行后期景观管护方案的制定；其他学校可以选取独立的已经完成的同时后期景观效果依旧维持较好的园林景观工程项目进行景观管护方案的制定。

（1）观音山公园概况：观音山公园位于永川区主城区东南侧，项目总用地约 0.28 km²，南邻永川工业园区，是新城城市中轴线上的重要景观节点，是永川新城实施城市绿化建设的重要组成部分，包括公园及附属配套设施，道路及硬质铺装 0.08 km²，绿化面积 0.15 km²，景观建筑面积 6 100 m²。公园按照功能分为入口广场区、以湖为媒的水域活动区、以草坪种植形成的安静休闲区。整个园区有大量草坪的铺设，植物种类丰富，适合人们休闲观景。

景观管护对观音山公园景观持续性有至关重要的意义，制定准确合理的景观管护方案是实施景观管护的基础和前提。目前景观管护主要包括定期浇水、修建、硬质景观管护、植物病虫害防治等内容。

（2）调研内容：

① 景观铺地类型、面积和所占比例。

② 景观铺地景观维护现状。

③ 景观小品类型、数量、规格高度、位置。

④ 乔木种类、树量、规格高度、景观现状。

⑤ 灌木种类、面积、景观现状。

⑥ 地被种类、面积。

⑦ 植物病害和虫害的调研。

⑧ 植物修剪情况的调研。

（3）实训成果：撰写观音山公园景观管护方案。方案包括观音山公园景观现状；观音山公园软硬质景观维护现状；根据景观现状确定水肥及修建时间和方法；根据调研的病害现状制订防护措施；根据调研的虫害现状制订防护措施；针对可能出现的恶劣气候制订应对方案；编制管护费用预算表。

三. 实训方式与场所
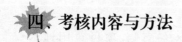

实训内容1室外调研参观部分散进行。

实训内容2室外测绘部分在所选绿地以集中与分散相结合形式进行，由教师对所选绿地进行竣工图测绘的准备工作和注意事项的集中讲解，再分组进行实际测绘；竣工图绘制部分在校内机房集中进行。

实训内容3现场硬质景观和软质景观调研在校外进行，采取集中加分散形式进行，由教师对所选取的园林绿地的基本情况做介绍，学生分组进行所需材料的收集；景观管护方案制定部分在教室和机房集中进行。

四. 考核内容与方法

（一）考核内容

1. 景观施工分析报告

用A3纸排版。图文并茂，要求图片清晰，文字分析到位，能够提出实际项目施工的优缺点和建议。

2. 竣工图

竣工图A3套图。满足竣工图绘图规范，根据选择绿地的实际情况竣工图总图及各部分详图绘制准确。

3. 景观管护方案

用A3纸排版。图文并茂，景观现状调查详尽，管护方案合理，预算恰当。

（二）考核方法

实训结束后，指导教师对学生在实训当中的表现、景观施工分析报告、竣工图部分和景观管护方案部分给予评价，并写出实训鉴定。

景观施工分析报告占 30％，竣工图部分占 40％，景观管护方案部分占 20％，实训过程表现占 10％。

五、实训要求

（1）按时到达指定地点进行实地学习和操作。

（2）准备好学习工具，如相机、笔记本等。

（3）准备好简单的测绘工具。

（4）有事须向教师请假，办理相关手续。

（5）按时完成并提交相关成果。

模块三
专业综合实训

实训九
江南园林专业综合实训

实训学时：2周
适用专业：园林、风景园林专业

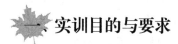 **实训目的与要求**

（一）实训目的

江南园林专业综合实训为园林、风景园林专业的专业实训课。通过参观、勘查、记录、测绘和分析印证课堂理论教学，把分别学习的课程进行综合理解和应用，增强学生实际空间感受和对中国古典园林艺术、现代城市景观的认识、理解，积累第一手素材，丰富设计构思，为今后从事相关工作岗位奠定一定的基础。

（二）实训要求

1. 理论和知识方面

初步掌握作为中国风景园林组成的江南私家园林和风景区的基本内容和形式；加深理解并掌握江南园林艺术设计手法和特征，学习杭州、苏州、扬州等地现代城市景观作品，从中延伸理解中国园林的民族形式和地方风格的因素，并探索如何继承、发展、创造具有中国特色的新型园林。为自然山水园课程设计和毕业设计收集文字、图纸和影像等资料。

2. 能力和技能方面

培养学生独立考查、记录、测绘、综合分析风景园林作品、城市规划景观作品的能力，增强学生独立生活的实践能力。

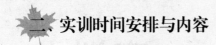

二、实训时间安排与内容

（一）时间安排

大三第六学期，共2周。根据实际情况，专业综合实训在江南园林专业综合实训和北京园林专业综合实训两个项目中，根据学生自主选择情况确定实习项目和路线。

（二）实训内容

1. 杭州

杭州最动人的景观在于西湖周边。西湖总体布局可概括为一山、二堤、三岛，整体广阔秀丽，被点线合理分割，不同水面对周边环境的影响力不同，带给人们的游赏感受也自然不同。所谓各司其职，各有特色。湖中留出开阔大平面，也是避免过多复杂元素破坏西湖最终的完整性，显得杂乱无章。设计中有句话是"疏可跑马，密不通风"。中心开阔平面与周边水景的关系，完全符合这个设计原则。湖心三岛相互关联，彼此依存，其不等边三角形的空间布局也符合植物在栽植时遵循的原则，三株一丛，则两株宜近，一株宜远。西湖临城一侧湖岸线多平缓，而其三面湖山湖岸线多蜿蜒曲折，多呈自然的形态，山水空间聚散开合，灵动多变。西湖三面环山一面邻城，作为中心的大型水体，形象十分突出，生态资源效益好，同时也方便开展水上的游赏活动。西湖的形成是一个不断发展过程，经过历代人们的经营才成就了如今西湖之优美景色。

杭州的风景园林的学习重点在于西湖山水地形的利用及改造，建筑与地形地貌的基础上运用植物造景的构思和具体作法。重庆文理学院选择花港观鱼、杭州太子湾公园、曲院风荷、西泠印社、西湖周边现代商业景观。其他学校可以根据院校的时间安排考察风景点的数量，一般情况下一天可以考察1～2个园林景点。

〔案例〕   曲 院 风 荷

杭州曲院风荷公园位于西湖西北隅，东起苏堤，西至杨公堤，北起岳坟，南至郭庄，是以夏景观荷为主的名胜公园。全园的布局突出"碧、红、香、凉"四个字，即荷叶的碧、荷花的红、熏风的香、环境的凉。公园的水面设计突出风荷的景色，而在公园的布局和建筑小品的设置上突出"曲院"的意境。园内融建筑于自然，突出荷花及山水的自然情趣，成为"芙蕖万斛香"的游览胜地。

（1）实训内容：

① 了解公园规划是如何根据功能和造景需要，结合实际情况，安排好总体布局，使之与整个自然环境有机地融合于一体，保证传统特色。

② 了解公园规划是如何统筹景观序列的起、承、转、合，使之交替变化，引人入胜。

③ 学习通过运用建筑、植物、水体、山石、桥等各种构景要素的多变组合来突出主题，通过建筑的曲折围合，以及建筑与周围环境的融合，来营造多样的空间层次；观察建筑与水体的结合、山石与水体的结合、小品与水体、建筑的结合，以及驳岸的处理。

④ 学习不同空间环境中的植物配置，以及在基本无地形起伏的情况下如何运用植物的各种特性来营造空间并产生层次与空间的开合变化。

（2）实训作业：

① 分析曲院风荷植物造景的分区、特点。

② 实测三处草坪空间的平面和立面，分析其植物布置方式和植物的景观层次、季相景观等特点。

③ 提交速写1～2幅。

〖案例〗　　　　　　　　　　西泠印社

西泠印社坐落于西湖景区孤山西麓，南至白堤，北邻后孤山路，西近西泠桥，正是这样的地理位置决定了其山地园林的属性。现有柏堂、竹阁、仰贤亭、四照阁等，其间有印泉、闲泉和潜泉，幽雅清静。西泠印社是杭州西湖风景区典型的山地园林。她依托西湖和得天独厚的周边环境，整体布局依山就势，空间转承构思精巧，造园手法变幻多样，被陈从周先生誉为"湖上园林之冠"。

（1）实训内容：

① 学习台地园的处理手法，体会"因山构室"的园林设计思想。

② 体会园林空间序列组织的起承转合。

③ 体会风景名胜区景观体系建构中景观层次的相互联系。

（2）实训作业：

① 绘制草测西泠印社前山平面图及竖向图。

② 以西泠印社为例，总结台地园的造园理法。

③ 提交速写1幅。

〖案例〗　　　　　　　　　　太子湾公园

太子湾公园位于苏堤春晓、花港观鱼南部及雷峰夕照、南屏晚钟西部背山面湖的密林间，近傍曾埋葬着庄文、景献两太子，故名太子湾。规划面积为0.8 km²，全园以园路、水道为间隔，约略划分为东、中、西三块景区。太子湾公园是以植物造景为特色的、蕴含山情野趣和田园风韵的自然山水园，钱塘江水经太子湾中部河湾注入西湖。公园以大弯大曲、大起大伏、空阔疏远、简洁明快的独特空间设计自成面目。如诗如画的风景使人身心舒畅、耳目一新。高大的乔木、宽广的草坪、美丽的河湾、雅洁的樱花、斑斓的郁金香、绚丽的秋叶,呈现出浪漫色彩和乡野情调。青山碧水、缓丘石径、芳草闲花,以及原始朴拙的茅草木屋,在朦胧中任人重温童年的梦幻。

(1) 实训内容:

① 分析太子湾公园景区景点理法布局特征。

② 学习太子湾公园水景理法特色。

③ 学习密林、疏林草地、草坪及滨水区域的种植空间布局手法。

(2) 实训作业:

① 选择三处不同的植物空间布局进行草测,绘制植物布局平面图。

② 提交速写 1 幅。

③ 绘制水体驳岸处理手法 3～5 种。

〖案例〗 <h1 style="text-align:center">花 港 观 鱼</h1>

花港观鱼公园位于杭州市苏堤南段以西,在西里湖与小南湖之间的一块半岛上。三面环山,一面环湖,与雷峰夕照隔苏堤相望,位于西湖的制高点,与南边的太子湾公园形成对比,与城市有一定距离,有良好的绿地结构。花港观鱼原名卢园,为南宋理宗时内侍卢允升在花家山下建造的别墅,园中除栽植花木、掇石叠山、修筑亭廊外,还凿池引水,放养颇为奇异的金鱼。卢允升死后,卢园荒废。清康熙南巡时,重新砌池养鱼,题有"花港观鱼"四字。花港观鱼在近代进行了改造和扩建,充分利用了高低起伏的环境,打造出以"花""港""鱼"为特色的旅游景点,其中以"花""鱼"为主,"港"为次,达到了"古为今用"的效果。充分利用原有地形,组成六个景区,即鱼池古迹、大草坪、红鱼池、牡丹园、密林区、新花港。景区划分明确,各具鲜明的主题和特色。主要导游线连贯各景区,组成一个整体的,突有变化虚实对比的连续结构。运用近代的造园手法,具有开朗明快的特色。

(1) 实训内容:

① 体会各个景区不同的特色,各景区开展的活动内容及服务设施,作为设计的借鉴。

② 分析全园各景点如何以植物配置形成各自特点。

③ 实地踏察牡丹园局部,对地形利用与改造、园路场地的安排、植物配置等方面评述其优点与不足,提出改进建议。

(2) 实训作业:

① 提交牡丹亭速写 1 幅。

② 实测大草坪区的空间关系和植物配置,选取园内较好的植物配置成景的实例进行实测。

③ 重点分析花港观鱼从很小的面积扩大到一个大型城市公园时所使用的方法。

〖案例〗　　　　　　　　　　　西湖滨水现代景观

　　该项目通过对湖滨地区整体的建设整治,成功地将一个富含中国诗意和传统的西湖放到了世界地图上。这是一个富有朝气、多功能以及以步行为导向的项目,是杭州市民休闲购物新去处。该项目在把握原有城市街道、建筑和特殊的周边环境的基础上进行了卓有成效的大胆改造。该街区既保留了原有的格局和基本风貌,又在立面和配套环境设计上体现出强烈的现代意识。

　　(1)实训内容:

　　① 体会西湖周边现代景观的布局特点。

　　② 分析西湖商业现代景观与西湖传统山水景观结合的手法。

　　③ 实地踏察西湖现代景观中的文艺街区的整体设计,并选择一处进行测绘。

　　(2)实训作业:

　　① 西湖滨水现代景观平面图绘制。

　　② 实测西湖现代景观文艺街区不小于 1 000 m² 的景观绿地。

　　③ 速写 2 幅。

〖案例〗　　　　　　　　　　　　平 湖 秋 月

　　背靠孤山,面临西湖的外湖,景观沿湖一排敞开,包括御碑亭、水面平台、四面厅、八角亭、湖天一碧楼等建筑。

　　(1)实训内容:

　　① 分析平湖秋月临湖建筑布局的特征。

　　② 分析平湖秋月处的观景视线。

　　(2)实训作业:

　　① 提交速写 1 幅。

　　② 总结平湖秋月建筑空间布局手法。

〖案例〗　　　　　　　　　　　　杭 州 花 圃

　　杭州花圃位于西湖风景名胜区西侧腹地的黄金地段,东临西山路,与曲院风荷隔路相望,西靠龙井路。园中水生花卉区、兰花室、盆景园外围乔木高低错落、疏密有序,有良好的景观效果。

　　(1)实训内容:通过杭州花圃由城市生产绿地发展为城市公共绿地的改造实践,体会如何在利用现状、尊重现状的前提下,通过山水骨架、布局空间的重塑,达到"人与天调、人花共荣"的设计立意。

　　(2)实训作业:

　　① 通过对比花圃改造成果与改造前的现状图,分析花圃改造中是如何在尊重现状、利

用现状的基础上实现由生产绿地到城市公共绿地的转变。

② 分析花圃边界空间处理的特色。

③ 实测两处植物造景布局，绘制平面图、立面图。

〖案例〗 **柳浪闻莺**

地处西湖东南隅湖岸，占地约 21 hm^2。园林布局开朗、清新、雅丽、朴实，分友谊、闻莺、聚景、南园四个景区。

(1) 实训目的：

① 分析西柳浪闻莺景区景点布局理法特征。

② 掌握柳浪闻莺点景建筑布局要点与水系理法特征。

(2) 实训作业：

① 提交速写 1 幅。

② 实测三处不同类型的植物造景布局，如点景建筑周边或溪流两侧，绘制平面图与立面图。

〖案例〗 **虎跑梦泉**

杭州历史文化悠久，曾有“东南佛国”的赞誉。北宋神宗年间，杭州城内与西湖湖畔、群山之中有佛教寺院 360 所，至宋室南渡后又增至 480 多所。如今杭州西湖风景名胜区内现存的寺观园林约有 30 所。灵隐寺、净慈寺、抱朴道院、虎跑寺等寺院林立，因地制宜，景观多样，意境非凡，使寺观园林成为杭州园林中的一朵奇葩。虎跑园林作为杭州寺观园林的典型代表，以园中的名泉，即虎跑泉而著名。清康熙、乾隆下江南，来到杭州，必以虎跑泉水泡茶，虎跑泉被乾隆皇帝誉为“天下第三泉”。虎跑园林追求禅境空间和园林审美的同时，巧妙地将自然风景、造园艺术和人文思想融为一体。虎跑园林内庭院植物以丛植为主，多采用树形优美的高大乔木来烘托建筑、点缀空间，强化了“禅房花木深”的氛围。四周的山林以片植为主，郁郁葱葱，将寺庙融于其中。整体植物以七叶树基调，结合罗汉松、合欢、竹类等骨干树种，通过植物自身的佛教文化内涵，烘托出虎跑园林的禅境空间。

(1) 实训内容：

① 了解虎跑寺独特的造园立意。

② 掌握“虎跑梦泉”景区总体布局特色。

③ 掌握虎跑园林利用和改造自然条件，因地制宜、因势利导的造景手法。

(2) 实训作业：

① 草测并绘制“赏泉”景点的庭园平面图。

② 草测并绘制虎跑寺轴线剖面图。

③ 提交速写 1～2 幅。

〖案例〗 <h1 style="text-align:center">三 潭 印 月</h1>

三潭印月又名"小瀛洲",西湖外湖中最大的一个岛,人工堆积而成。从整个西湖布局来看,西湖三面环山,三潭印月为沿湖各风景点对景的焦点,又与湖心亭、阮公墩鼎足三立,丰富西湖的赏景空间层次。

(1)实训内容:

① 学习造园中常用的岛屿营造方法,通过堆积岛屿来分割水面,创造不同的空间感觉。分析岛屿与其他陆地的联系方法,如何通过交通工具、堤、桥、汀步等不同方式来增加游览者的个人体验。

② 建立整体的空间感觉。

(2)实训作业:

① 实测园林建筑小品2~3处,并进行绘制。

② 提交速写1~2幅。

〖案例〗 <h1 style="text-align:center">杭 州 植 物 园</h1>

1956年杭州植物园确定建设规模,进行总体规划和建园工作,成为著名旅游点。建园方针是以植物科学研究为主,并向人民群众普及植物科学技术,进行试验研究,为国民经济和杭州绿化提供有价值的植物品种和栽培管理技术,供有关学校和科学团体参观实训。

(1)实训内容:

① 分析植物分类园中裸子植物区与水池的地形结合,作为设计的借鉴。

② 植物的识别与应用。

③ 分析植物配置的特点。

(2)实训作业:

① 评述植物分类区的裸子植物亚门小区与水池的地形利用改造方面的成功经验,并绘图说明。

② 速写植物分类区水池附近植物配置的优秀示例2~3幅。

③ 评述百草园的道路安排采取大密度的原因,指出优点和可以改进之处。

④ 山水园园林小景示例2~3处,并绘简图说明。

2. 苏州

苏州,位于江苏东南部,东临上海,南接嘉兴,西抱太湖,北依长江,是著名的历史文化名城。苏州在我国具有"人间天堂"之称,不仅具有优美的自然文化景观,还拥有大量的人造园林,是一座历史悠久的城市。经历了不同的历史时期,苏州建立了数量与规模不一的园林,这些园林有着独特的造景艺术和不同的文化内涵,狮子林、沧浪亭、拙政园、留园统称"苏州四大名园",吸收了江南园林建筑艺术的精华,把有限空间巧妙地组成变幻多端的景致。从春秋时期到明清时期,在不同历史背景下,园林设计者都会根据当时的时代文化背景以及当时人们的审美需求进行园林设计与造景,使苏州的各大园林承载着丰富的文化内涵。由此可见,苏州园林造景不仅具有一定的建筑美学特征,还具有中国历史文化意义,是我国历史时代变迁的重要见证,也是我国历史文化重要的组成部分。

苏州风景园林的学习重点是综合感受江南古典园林造园艺术,了解其造园目的、立意、山水间架划分空间和细部处理手法及其深厚的文化艺术内涵。同时学习新园林和公共建筑在发展苏州园林风格方面的经验。重庆文理学院选择拙政园、狮子林、留园、网师园、艺圃、沧浪亭、环秀山庄、虎丘、苏州金鸡湖湖滨及新城市景观、耦园以及苏州博物馆。其他学校可以根据院校的时间安排考察风景点的数量,一般为一天2个景点。

〖案例〗 拙 政 园

拙政园位于苏州古城娄门内东北街178号,为全国四大名园之一,是一座始建于明代的古典园林,具有浓郁的江南水乡特色,经过几百年的沧桑变迁,至今仍保持着旷远明瑟、平淡疏朗的风格,被誉为吴中名园之冠。目前,拙政园全园占地52 000 m²,可分东、中、西三个部分。中部景区是全园的主体和精华,是典型的多景区复合的园林,园林空间既有划分又通过游览路线的经营而形成序列组合。它的主要游览路线上有前奏、承转、高潮、过渡、收束等环节,表现了动观组景的诗一般的流动感。拙政园内的植物丰富多彩,种类繁多,如松、榆、槐、枫、柳、桃、茶、玉兰、琵琶、海棠、荷花、梅、竹、女贞等,叶、花、果、枝姿态各异,花香芬芳独具。植物与其主景建筑相搭配协调、意境一致,如远香堂前水面的荷花、松风亭旁的苍松、雪香云蔚亭周边的梅花、十八曼陀罗馆附近的山茶花、玉兰堂前的玉兰等,使得拙政园内四季都有生机、有情趣。

(1) 实训内容:
① 了解拙政园的造园目的、立意、山水间架、空间划分和细部处理手法。
② 通过实地考察、记录、测绘和分析印证和丰富课堂教学的内容,丰富设计构思。
③ 通过实训,掌握江南私家园林的理法。
④ 提高实测及草测能力,把握空间尺度,丰富表现技法。
(2) 实训作业:
① 草测与谁同坐轩及其环境的平面、立面。
② 草测自腰门至远香堂及东西两侧的导游路线平面。领会"涉门成趣""欲扬先抑,欲显先隐"的造景手法。
③ 提交速写2幅。
④ 以实测内容为基础,分析拙政园的造园特点及手法。

〖案例〗 狮 子 林

苏州狮子林具有多重历史文化价值,2000年被世界遗产委员会列入"世界遗产名录"。狮子林创建于元代至正二年(1342),历经600余年风雨变迁,狮子林亦寺亦园,屡易其主,现虽已改变了初建时的风貌,但大型拟态湖石假山群及多处禅意景点皆渗透禅理,营造出浓厚的佛教幻想意境,保留了山林禅的气息,这些湖石叠置的拟态假山,立意象征的就是佛经中的狮子座,成为元代江南园林临济宗子遗,在中国寺庙园林史上硕果仅存,是狮子林最令人瞩目的文化价值。

(1) 实训内容:

① 了解狮子林的历史沿革,体会其禅宗的立意。

② 学习狮子林假山与其周围建筑的过渡方式。

③ 学习如何将狮子林景点的命名与禅宗进行结合。

(2) 实训作业:

① 草测 2 处建筑小品及环境的平面、立面。

② 收集狮子林漏窗照片,绘制至少 5 种漏窗形式。

③ 自选留园中建筑、植物、假山等景色优美之处,提交速写 2 幅。

〖案例〗　　　　　　　　　　留　　园

留园位于苏州留园路 79 号,1997 年被列入世界文化遗产名录。原为明代的“东园”废址,面积约为 23 300 m²,以园内建筑布置之高低错落、游廊之蜿蜒曲折、奇石之众多而闻名天下。总体上依据建造年代与主题分为中部山水、东部庭园、北部山林、西部田园,在总体布局上兼顾这四部分之间的相互渗透联系,进行主题与空间类型的区分与互补,形成和谐整体。而中区和东区则是全园之精华所在。中区部分通过东南凿水池、西北筑假山以形成西、北为假山、东、南为建筑环中心水池的山水景区。西楼、清风池馆以东为留园的东区。东区又分为西、南两部分,“五峰仙馆”和“林泉耆硕之馆”分别为这两部分的主体建筑。东区的西部具有体量小而精这一特点,其建筑密度为全园之最,且其灵活多变的院落空间不仅营造出幽深、恬淡的园林建筑外环境,同时也满足了园主人以文会友等的功能需求。东区的东部,正厅“林泉耆硕之馆”为鸳鸯厅的做法。厅北为一开敞型庭院并特置巨型太湖石“冠云峰”,左右翼以“瑞云”“岫云”二峰,皆明代旧物。这是留园中的另一个较大的、呈庭园形式的景区。留园的景观,有两个最突出的特点:一是丰富的石景,二是多样变化的空间之景。

(1) 实训内容:

① 了解留园的历史沿革,熟悉其创建历史及其在中国古典园林中所处的历史地位。

② 通过实地考察、记录、测绘等工作掌握留园的整体空间布局及造景手法等。

③ 将留园与其他江南园林作横向对比,归纳总结其异同点,掌握其主要的造园特点。

(2) 实训作业:

① 草测 3 处建筑小品及环境的平面、立面。

② 从留园五个院落(古木交柯小院与花布小筑小院;五峰仙馆前后庭院;石林小院;冠云楼庭院)中任选一个,草测其环境平面。

③ 草测自园门到古木交柯、花布小筑的路线平面,分析其建筑空间的转折和开合造景

手法。

④ 自选留园中建筑、植物、假山等景色优美之处，提交速写2幅。

[案例]

网 师 园

网师园作为我国苏州古典园林的优秀园林之一，淋漓尽致地代表了江南的私家园林，更是我国传统园林的杰出代表。园子占地面积大约为5 300 m²，整体面积不及拙政园的六分之一，清新淡雅。网师园作为精小园子的杰出代表，能够完美地体现出"小中见大"这一理念。网师园结构布局严谨，主要景观和次要景观变化多端，很好地体现了主次分明。在园中，丰富的植物与叠石相互衬托，任意一处景色都可以独立作为一处景观。园中建筑的数量比较多，但是不会给人拥塞的感觉。山池面积虽然小，但是却不显得局促。在网师园中，可以真切地体会"园中有园、景中有景"。网师园主题为"渔翁"，暗含着隐逸的思想。网师园中很多的景点、匾额、植物配置、山水建筑的营造方面都暗含了隐逸的思想，楹联中表达出渔、耕、樵、读的意思。比如看松读画轩否认了世俗的繁华，传达给人们的信息是告诫世人应静心读书。竹外一枝轩上悬挂的对联"护研小屏山缥缈，摇风团扇月婵娟"，能感觉出园主人对平淡生活的向往，追求内心的平静与安乐。殿春簃中的"墨华晨湛书有味，灯火夜深字生香"则看出了园主人热爱读书的心情。

(1) 实训内容：

① 学习以中型水面为中心布置以渔为师主题的具体手法和园中园的作法。

② 学习网师园造园中处理山与水、建筑与植物的关系以达到丰富景观的手法。

③ 分析网师园隐逸思想表达的方法。

(2) 实训作业：

① 实测小山从桂轩及周边环境。

② 绘制射鸭廊与园东墙之间景物联系的平面、立面草图。

③ 绘制殿春簃景观平面图。

④ 收集网师园花街铺地照片，绘制10种花街铺地形式。

⑤ 提交即兴速写2幅。

[案例]

艺 圃

艺圃，位于苏州阊门内天库前文衙弄，本是明代袁祖庚所建的醉颖堂。清初时期，园归姜垛(号敬亭)所有，改称"敬亭山房"，后其子姜实节更名"艺圃"。艺圃虽几易其主，但主体风格却没有多大变化，更多地保留了明代园林的特征。艺圃属于典型的住宅花园，位于住宅的南端，是住宅的延伸。艺圃占地面积不大，仅0.33 hm²左右。艺圃的大格局是"南山北水，山水各半"。在布局上以水池为主体，水池面积约有0.067 hm²，大致近于矩形。池北以建筑为主，主体建筑"博雅堂"南有小院，院中设太湖石花台，主植牡丹。池南堆土叠石为山，山上有逾百年的白皮松、朴树、瓜子黄杨等，林木茂密，山林之气由此生成。

池东、西两岸以疏朗的亭廊树石,作南北之间的过渡与陪衬,显得自然贴切,隽永有味。全园布局简练开朗,无繁琐堆砌娇捏做作之感。从山水布局、亭台开间到一石一木的细部处理无不透析出古朴典雅的风格特征,以凝练的手法,勾勒出造园的基本理念。

(1) 实训内容:

① 掌握艺圃的建筑园林空间造景手法。

② 分析建筑布局与月洞门的对景视线关系。

(2) 实训作业:

① 草测并绘制浴鸥院庭院布局平面图。

② 实测两处建筑小品,绘制平面图、立面图。

③ 提交即兴速写2幅。

[案例] **沧 浪 亭**

沧浪亭位于苏州市人民路南段附近三元坊,是苏州园林中现存历史最久的一处,向以"崇阜之水""城市山林"著称。取上古歌谣"沧浪之水清兮,可以濯吾缨。沧浪之水浊兮,可以濯吾足"的寓意园中建筑物品类繁多,布局独特,工艺精巧,与园林环境相得益彰,其意境之妙各有千秋,又相互呼应。沧浪亭有着与众不同的造园艺术,没有高墙环绕,全园临水而建,游者眼中之景,并无内外远近之分。园主善将园外的景色收入园中,巧借地势之妙,目力所及,庸俗的予以遮蔽,而将美丽的湖光山色纳入建筑之中。沧浪亭中的建筑物布局讲究因地制宜,从实际出发。北有宛若游龙般卧在高低起伏的地形之上的复廊,其后有可俯瞰全园的沧浪亭,中部有庄严宏伟的明道堂及院落稳居,最南有立于石屋之上的看山楼。全园建筑,随地形起伏变化,曲曲直直,高低错落。

(1) 实训内容:

① 了解沧浪亭的造园目的、立意、空间划分和细部处理手法。

② 学习以山体为构景中心的造景手法。

③ 学习沧浪亭的外向借水、复廊为界的处理手法。

(2) 实训作业:

① 草测并绘制沧浪石亭平面图、立面图。

② 收集沧浪亭漏窗的照片,绘制至少10种漏窗形式。

③ 提交速写2幅。

[案例] **环 秀 山 庄**

环秀山庄现占地面积2 179 m²,其中建筑面积754 m²。园景以山为主,池水辅之,园内最佳当属戈裕良所叠假山,占地不过半亩,然咫尺之间,千岩万壑,环山而视,步移景易。环秀山庄地形改造主要分为两个时期。最初在乾隆年间,在如今"飞雪泉"的位置,叠石为小山,掘地三尺,得古井,有清泉溢出,汇合为池,即名为"飞雪泉"。环秀山庄初起就由"飞雪泉"而生,不如其他同类园以水为主,而反其行之以水为辅,依山为主,但是没有了这一湾细水,环秀庄的魅力估计要大打折扣。它采用收缩水面,使水体环绕山形迂回曲折,似山崖下之半潭秋水,水依山而存,并沿着山洞、峡谷渗入山体的各个部分,所谓的"山得水而活"大有此意。

(1) 实训内容:

① 体会环秀山庄的园林空间造景手法。

② 体会环秀山庄的假山堆叠方式。

(2) 实训作业:

① 绘制环秀山庄主体假山的立面图。

② 提交速写2幅。

〖案例〗 虎　　丘

虎丘位于苏州古城西北 3～5 km,为苏州西山之余脉,高仅为 30 m。至今仍保留着"山城先见塔,入寺先登山"的特色。

(1) 实训内容:

① 学习利用自然地形优势,运用不同的造景手法建造山水台地园的方法。

② 学习"寺包山"格局的园林特征。

③ 学习运用借景的手法,将历史传说与园林造景相结合的方法。

④ 体会园中园造景结合。

(2) 实训作业:

① 草测千人坐、莲花池及周边环境平面。

② 草测拥翠山庄平面及竖向变化,通过与杭州西泠印社造园理法的对比,总结台地园的空间处理手法。

③ 提交速写2幅。

〖案例〗 **苏州金鸡湖湖滨及新城市景观**

金鸡湖位于苏州市工业园区,在 20 世纪 90 年代之前,金鸡湖是苏州重要的水产基地。随着对湖区及周边环境的深入治理和开发,苏州将金鸡湖已逐步打造成开放式的城市景观公园。苏州金鸡湖由美国易道(EDAW)公司完成总体规划与景观设计,该项目获 2003 年美国景观设计师协会(ASLA)设计优秀奖。金鸡湖景观设计的核心内涵有二:一是表现苏州古城的历史文化内涵,二是力挺一个现代化国际都市的建设目标。景观设计在尊重苏州传统历史文脉的基础上,将旧城与新城、商业与娱乐、生活与教育功能结合起来,在苏州的新城与旧城之间建立连接过去与未来、艺术与建筑、山体与水体、城与乡、本土与世界的象征性链接。

公园有 8 大特色风景区:大型滨水空间的城市湖滨广场;以精美住宅为主的玲珑湾;

富有生态教育内涵的望湖角公园;综合公共艺术与文化设施的文化水廊;以亲水公园、大批带状绿地林荫道及住宅群构成的湖滨大道;一个连接运河水网、延续姑苏水城风貌的水上邻里巷;林荫道路与运河贯穿小岛的水乡住宅别墅群金姬墩;用淤积湖泥堆建的集自然生态保护区、野生动物保护区和观鸟区于一体的湖中波心岛(岛上兴建环保度假屋)。

(1)实训内容:

① 学习如何将传统园林文化与现代城市景观进相合。

② 学习景观生态学原理在金鸡湖滨水景观规划中的应用。

(2)实训作业:

① 绘制至少5种驳岸处理手法。

② 将西湖风景区与金鸡湖风景区功能布局,造景手法等进行比较分析。

③ 提交速写2幅。

〖案例〗　　　　　　　　　耦　　园

耦园别名涉园,地处苏州市的仓街小新桥巷。涉园这个名字的灵感来自于靖节先生名篇《归辞》中的"园日涉以成趣"之句。涉园在建筑结构上东西对称,各有住宅1处,对偶之意跃然纸上,故又名耦园。是苏州古典园林唯一三面环水一面临街的独特园林选址风貌,是唯一能从造园艺术特征表达园主夫妻情感的私家宅园,对于苏州古典园林而言弥足珍贵。耦园这种一宅两园的结构在苏州园林上别具一格,很有特色,符合中国传统文化中的方正对称之意。现耦园东西长约110 m,南北进深约80 m,占地面积约0.78 hm²,基本保存沈秉成所建时期的私园布局,其"一宅两园式"整体布局不同于苏州大多"前宅后园式"古典私家园林,为现存苏州古典园林中孤例。全园分为三部分,从西往东依次为西花园、中部住宅、东花园,其中东花园为主游园。

(1)实训内容:

① 学习耦园整体景观的平面布局手法。

② 学习耦园如何将夫妻情感的主题立意用园林设计的手法进行表现。

(2)实训作业:

① 绘制至少5种漏窗形式,分析与其他园林漏窗的区别。

② 将耦园的整体平面布局与艺圃进行比较分析。

③ 测绘耦园中廊的尺寸,并绘制其平面图、立面图。

〖案例〗　　　　　　　　苏 州 博 物 馆

苏州博物馆新馆是贝聿铭晚年的"封刀"之作,是继香山饭店之后又一次对中国建筑的诠释和贡献。坐落于苏州拙政园旁,原址为太平天国忠王李秀成的府邸,其主要特色就在于传统与现代的完美结合,让传统符号与现代精神融为一体,在不失中国特色的前提下彰显时代特色。苏州博物馆新馆中,框景运用成为设计的一个重要特色。在区域性小景观塑造方面,苏州博物馆新馆外部的围墙和长廊的侧墙上设计了很多镂空的、不同造型的漏窗,使园中景物时隐时现,营造了一种古典园林的含蓄意境。

苏州博物馆主馆庭院朝北方位与之相邻的是拙政园,三面围绕主庭院布局,占据新馆面积的 20%左右。置石、假山、池塘、竹林、凉亭、小桥置景等构成了这座全新布局的山水园,既承袭了中国古典的人文景观的气质,又区别于江南传统园林的格局以及风貌,在传统元素基础上的提炼可谓独具大师风范。山水园北墙直接衔接拙政园之补园,水景始于北墙西北角,给人以从拙政园延续而出的空间感受;片石假山置景位于北角墙根下,此景的设计中并未使用当地传统的太湖石,他认为传统假山造诣难以超越,创新就不该局限于使用前人设计。这种"以壁为纸,以石为绘"的抽象园林正是将中国画的精髓变为了真实场景,个体看来轮廓清晰,仿佛纸上泼墨的美妙画卷,但整体看来与拙政园完美融合为一体。

(1) 实训内容:

① 了解将江南传统园林符号融入现代景观设计的手法。

② 学习主庭院的景观布局。

③ 学习现代景观中漏窗的使用手法。

(2) 实训作业:

① 绘制至少 3 种苏州博物馆漏窗立面图。

② 绘制主庭院景观平面图。

③ 提交主庭院假山片石的速写 1 幅。

3. 扬州

扬州西北高东南低,是《禹贡》九州之一,它在历史上具有很重要的地位,尤其在创造风景园林文化方面,饶具特色,闻名天下。一个特点是创造自己的艺术特色,用护城河和垡地的水沟改造成含丰富水景的瘦西湖;第二个特点是公共的属性,扬州的瘦西湖是一个公共游览地,它具有为公众服务的一面,"内聚外张",需要兼顾成为化私为公的公共游览地。

扬州的风景园林的学习重点在于瘦西湖依山就势创造的自然山水景观、个园四季假山的创作手法。

〖案例〗 瘦 西 湖

瘦西湖原名保障河,原本是人工开凿的城濠和通向古运河的水道,水面狭长。隋唐时期开始在沿湖陆续建园,及至清代康熙、乾隆时期空前繁盛,形成了"两堤花柳全依水,一路楼台直到山"的园林景观。瘦西湖公园作为瘦西湖景区的精华部分,是围绕瘦西湖及其沿岸景点建成的,囊括了历史上大部分的名园胜迹,位于古城扬州的西北部。公园的范围从虹桥之北开始,总面积为 116.7 hm²,其中陆地面积和水面面积约各占一半,水面狭长,窈窕曲折,水色碧绿,呈现秀丽妩媚的景观特色。瘦西湖公园,自然景观和人文景观是分不开的。名胜遗迹和瘦西湖有机地融合在一起,创造出引人入胜的景致。文物和园林在这里更加密不可分,优美的自然风景烘托出了文物的历史价值,名胜遗迹丰富了自然风景的内涵。文物得以保存,公园得以丰富多彩。

（1）实训内容：

① 了解瘦西湖带状水体衔接滨水景点的方法。

② 学习钓鱼台景点的框景方法。

③ 学习瘦西湖公园入口处微缩水景园的景观布局。

（2）实训作业：

① 实地测绘微缩水景园的平面尺寸并进行绘制。

② 实地测绘瘦西湖公园 2 处不小于 2 000 m² 的绿地景观,并进行平面绘制。

③ 统计瘦西湖中所用的植物种类并列表。

④ 实测园林建筑小品 3 处,绘制其平面图和立面图。

⑤ 将瘦西湖景观、杭州西湖、苏州金鸡湖景观进行比较分析。

⑥ 提交景点速写 2 幅。

〖案例〗　　　　　　个　　园

清代扬州曾有"园林甲天下"之誉,至今还保留着许多优秀的古典园林。与苏州园林相比,扬州园林有很大不同。最为不同的就是园林的主人身份,苏州园林的园主大部分为官场不得意而退隐的官员,扬州园林的主人则多为富商。其中历史最悠久、保存最完整、最具艺术价值的,则为"个园"。个园是以竹石取胜的,立意极具内涵,个者,形如竹叶;竹者,意寓高洁;月映竹成千个字。个园面积约 2 hm²,但由于布局巧妙,显得曲折幽深,引人入胜。其布局从南往北依次为住宅区、假山区和竹林区。住宅区全盛时期分为五路建筑,分别以福禄寿喜财为主题;假山区以叠石名闻天下,采用分峰用石的手法,运用不同石料堆叠而成"春、夏、秋、冬"四景,形成四季连绵不断、壶天自春的园林趣味;竹林区即"百竹园",采用 40 余种高低错落、不同层高的观赏竹,结合起伏地形,配植合适的辅助植物,构筑了竹文化观赏区,再点缀与竹文化相关的古建筑小品,与点睛之笔"竹石图"相呼应,整体布局极有韵味。

（1）实训内容：

① 了解个园的立意特点。

② 学习个园四季假山立意表达手段和叠石技艺。

（2）实训作业：

① 实地测绘春山景点的立面尺寸,并绘制其立面图。

② 提交景点速写 2 幅。

三、实训方式与场所

采取7～10天进行江南风景园林景观的实地考察；4～7天在校内进行实习作业汇总、整理以及汇报。

校外实地考察由带队老师分小组带领学生到所选景点进行考察学习，白天由老师集中讲解，学生在景点分散完成每个景点安排实习内容和作业；晚上老师对完成的作业进行抽查和点评，要求每小组晚上撰写当天的实习心得体会，并进行交流。

校内实习作业汇总由带队老师集中安排在绘图室或机房进行，整理实习作业，并在实习结束后进行实习汇报。

四、考核内容与方法

（一）考核内容

1. 个人作业

（1）每人每天提交绘制最好的2张速写，并注明时间、地点、景点名称及特点。

（2）选择一处独立完整的风景园林景点，根据其特点对其做针对性的分析。不能泛泛而谈，要求图文并茂，有自己的观点。

2. 小组作业

（1）实训报告：实训报告的实质是实训总结，其内容为实训情况介绍及实训收获、体会，而不是与实训地不相干的、纯论文的专题报告。报告5 000字以上。报告的主要内容包括：

① 基本情况：实训的起始日期、参加人员、实训地基本情况、实训场所等。

② 实训的主要内容（如植物方面、规划设计方面等）概述。

③ 基于自己的兴趣或小组分工，就园林植物资源、园林植物配置、道路绿化、园林小品、园林建筑、园路、铺装、园桥、花坛、盆景等专项考察撰写专题报告。根据实训日记和分组实训时收集到的资料进行归纳、分析和总结，结合园林绿化理论或规划设计原理，写成图文并茂的、有实际案例的专题报告或调查报告。

④ 实训体会或合理化建议。

（2）实训资料汇编：封面注明小组编号及组长、组员姓名。资料汇编包括植物调查表及用A3纸装订成册的各种测绘图。每个"调查表"及每份"测绘图"上注明实际参与人（并非小组所有人员），以便评定实训成绩时参考。

要求小组作业 1 和 2、个人作业 1 和 2 最后全部通过扫描排版到 A3 图纸上,汇编成册。

(二) 考核方法

实训结束后,指导教师对学生在实训当中的表现、小组作业、个人作业以及最后的汇报效果给予评价,并写出实训鉴定。

个人作业 1 占 20%,个人作业 2 占 20%,小组作业 1 占 20%,小组作业 2 占 20%,实习成果汇报占 10%,实训过程表现占 10%。

五、实训要求

(1) 遵守实训纪律,不能无故迟到、旷课、早退;有事必须向指导教师请假。

(2) 实训前自行从网上下载实训景点的介绍。

(3) 实训前做好实训准备,携带参考书籍和皮尺等简单的测绘工作。

(4) 实训过程中要自觉保持大学生的基本素质。

(5) 遵守指导教师的安排,按时、按质、按量完成实训内容。

(6) 实训过程中分组合理,组员能够互帮互助,共同完成实训内容。

实训十
北京园林专业综合实训

实训学时：2周
适用专业：园林、风景园林专业

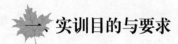 一、实训目的与要求

（一）实训目的

北京园林综合实训为园林、风景园林专业的专业实训课。通过参观、勘察、记录、测绘和分析印证课堂理论教学，把分别学习的课程进行综合理解和应用，增强学生实际空间感受和对北京皇家园林艺术、现代城市景观的认识、理解，积累第一手素材，丰富设计构思，扩充专业知识。

（二）实训要求

1. 理论和知识方面

初步掌握作为中国风景园林类型组成的北京皇家园林和经典展园的基本内容和形式；加深理解并掌握北京皇家园林艺术设计手法和特征，并学习北京现代城市景观规划设计作品。体会北京皇家园林的文化内涵，掌握典型园林的布局形式，为毕业设计收集文字、图纸和影像等资料。

2. 能力和技能方面

培养学生独立考察、记录、测绘、综合分析风景园林规划设计作品、城市规划景观设计

作品的能力,增强学生独立生活的实践能力。

 实训时间安排与内容

(一) 时间安排

大三第六学期,共 2 周,根据实际情况,在江南园林专业综合实训和北京园林专业综合实训两个项目中,确定实习项目和路线。

(二) 实训内容

〔案例〕　　　　　　　　　　**颐　和　园**

颐和园原名清漪园,位于北京城西北郊约 10 km,占地 290 余 hm²,其中,以昆明湖为主的水面占全园总面积的四分之三,以万寿山为主的陆地占全园总面积的四分之一。全园有各种形式的古建筑 3 000 余间,各种乔灌木 10 万多株。园内有清如明镜的湖水、葱郁秀丽的山峦、金碧辉煌的宫殿、精巧别致的亭阁;规模庞大,气势宏伟,景色怡人,是中国古典园林中讲求"虽由人作,宛自天开"的典范,也是举世罕见的古典园林珍品。颐和园整座园可分为四个景区:东宫门区、万寿山前山、湖区、万寿山后山和后湖。从颐和园的整体景观分布来看,其整体布局体主要表现出前朝后寝、轴线对称、一池三山等几个特点。

万寿山:万寿山属燕山余脉,高 58.59 m。建筑群依山而筑,万寿山前山,以八面三层四重檐的佛香阁为中心,组成巨大的主体建筑群。从山脚的"云辉玉宇"牌楼,经排云门、二宫门、排云殿、德辉殿、佛香阁,直至山顶的智慧海,形成了一条层层上升的中轴线。东侧有"转轮藏"和"万寿山昆明湖"石碑。西侧有五方阁和铜铸的宝云阁。后山有西藏佛教建筑和屹立于绿树丛中的五彩琉璃多宝塔。山上有景福阁、重翠亭、写秋轩、画中游等楼台亭阁。在居中部位建置一组体量大而形象丰富的中央建筑群。这组大建筑群包括园内主体建筑物——帝、后举行庆典朝会的"排云殿"和佛寺"佛香阁"。与中央建筑群的纵向轴线相呼应的是横贯山麓、沿湖北岸东西逶迤的"长廊",共 273 间,全长 728 m,这是中国园林中最长的游廊。后山的景观是富有山林野趣的自然环境。除中部的佛寺"须弥灵境"外,建筑物大都集中为若干处自成一体,与周围环境组成精致的小园林。后湖中段两岸,是乾隆帝时摹仿江南河街市肆而修建的"买卖街"遗址。后山的建筑除谐趣园和霁清轩于光绪时完整重建之外,其余都残缺不全,只能凭借断垣颓壁依稀辨认当年的规模。

昆明湖:昆明湖是颐和园的主要湖泊,占全园面积的四分之三,约 220 hm²。南部的前湖区碧波荡漾;湖中有一道西堤,堤上桃柳成行;十七孔桥横卧湖上,湖中三岛上也有形式各异的古典建筑。昆明湖是清代皇家诸园中最大的湖泊,湖中一道长堤——西堤,自西

北迤逦向南。西堤及其支堤把湖面划分为三个大小不等的水域,每个水域各有一个湖心岛。这三个岛在湖面上成鼎足而峙的布列,象征着中国古老传说中的东海三神山——蓬莱、方丈、瀛洲。西堤以及堤上的六座桥是有意识地摹仿杭州西湖的苏堤和"苏堤六桥"。从昆明湖上和湖滨西望,园外之景和园内湖山浑然一体,这是中国园林中运用借景手法的杰出范例。

画中游:画中游是万寿山西部一组景点建筑。它依山而建,正面有一座两层的楼阁,左右各有一楼,名"爱山""借秋"。阁后立有一座石牌坊,牌坊后边的是"澄晖阁"。建筑之间有爬山廊。由于地处半山腰,楼、阁、廊分别建在不同的等高线上,青山翠柏中簇拥着一组由红、黄、蓝、绿琉璃瓦覆盖着的建筑群体。

(1) 实训内容:

① 了解在公园规划中如何根据功能和造景需要,结合实际情况,安排总体布局,使建筑与整个自然环境有机地融合于一体,保证传统特色。

② 了解景区的皇家建筑的特色和区别。

③ 学习通过运用建筑、植物、水体、山石、桥等各种构景要素的多变组合来突出主题,同时重点掌握颐和园中的造景要素是如何根据地形起伏变化进行系列组合的。

(2) 实训作业:

① 分析颐和园整体景观的分区及其特点。

② 任意挑选两处建筑实测其空间的平面和立面,分析其建筑布置方式,建筑的立面造型、结构等特点。

③ 绘制建筑与植物、水体与植物、植物之间、山石与植物之间的组合景观(各两处)的平面图与立面图。

④ 分析颐和园中滨水景观(包括昆明湖和苏州街)的处理手法。

⑤ 提交速写 3~5 幅。

〖案例〗 园 博 园

北京园博园为第九届中国国际园林博览会的举办地,位于北京西南部丰台区境内永定河畔绿色生态发展带一线,总面积 267 hm²,东临永定河新右堤,西至鹰山公园,南起梅市口路,北至莲石西路,依托永定河道,与卢沟桥遥相呼应,历史文化氛围浓郁,地形多变,山水相依,颇具特色。整个园区归纳为"一轴、两区、三地标、五展园"。

"一轴"即银杏大道(园博轴),是一条起于中国园林博物馆截止到功能性湿地的南北向景观轴线,由大规格银杏组成长达 2.5 km,贯穿园区南北构成园博轴,形成园区最重要的交通设施。结合重要节点,在景观大道两侧集中打造百亩樱花园、紫薇园、丁香园等主题观赏园,配合种植了海棠、石榴、元宝枫、月季、牡丹等 340 个品种、1 200 多万株乔灌木和特色花卉,形成三季有花、四季常绿的 147 hm² 连片绿地景观。

"两区"即园博湖景区和下沉式花园景区锦绣谷。园博湖共 246 hm²,宛如一颗蓝宝石镶嵌在绿宝石的园博园中。通过再生水输入、雨洪水利用,为园博湖提供了充足水源;人工湿地的净化方法为园博湖水质提供了保障。园博湖的建成，与门城湖、莲石湖、晓月湖、宛平湖一道形成循环流动的新水系，使曾经干涸断流永定河重新焕发青春。锦绣谷由废弃的垃圾填埋场改造而成，占据了园区较大面积的低洼区，与其他园区相比较实现错落有致的立体地形体现，形成了立体园林构架。设计师利用既有地形，将现状垃圾填埋场改造为下沉式景观花园，取传统的"燕京八景"之精髓，内设有燕台大观、风篁清听、云台叠翠、云飞霞起、绿屿花洲、林天霞影、采芳云径等景区和大型山石叠水、花卉瀑布等景观。锦绣谷成为园博园花卉最为集中、最为丰富的区域，种植近 400 种花卉植物，一年四季呈现着不同的景观。成为北京园博会生态修复的新亮点，完美诠释"化腐朽为神奇"的生态理念。从高处俯瞰锦绣谷，花团锦簇、绿茵成片，昔日的"荒漠"已变成五彩绿洲。

"三地标"即永定塔、中国园林博物馆和主展馆，为园博会的三大标志性建筑。永定塔矗立在中国园林博物馆身后的鹰山之上，地上建筑面积约 8 000 m²，主要用于永定河历史文化的展览，是北京地区最高的民族风格仿古高塔。中国园林博物馆坐落于景观大道最北端的鹰山脚下，占地 6.5 hm²，总建筑面积 50 000 m²，融多种科技手段于一体，集中展示我国园林事业取得的新成就以及园林艺术全貌，是中国第一所国家级园林博物馆，也是世界上唯一以园林为专题并全面展示中国和世界园林的博物馆，填补了博物馆的空白。主要用于展示国内外造园艺术以及园林绿化新技术、新材料、新成果，展示奇石、插花、盆景等各类园林艺术作品。展会期间是组织高层论坛、学术研讨、技术与商贸交流、特色文化艺术展示、展演等系列活动的主场地，同时承担园博会的室内展览中心、会议中心、新闻中心、接待服务中心等功能。主展馆的建筑设计以北京市市花"月季"为原型，配以现代设计理念加以提升抽象，名为"生命之源"，以跨度 75 m 的主展厅为源起，螺旋状地生长、传播、辐射，最终融于园区的景观之中。渐次绽开的构造和起伏变化的天际线赋予了建筑丰富的表情，宛如一朵花姿绰约的月季花盛开在丛林之间。设计上，采用多项节能环保技术，贯彻了"绿色低碳"的理念，力争降低日后的运营费用，实现建筑的可持续运转。

"五展园"即传统展园、现代展园、创意展园、国际展园和湿地展园。来自全国各地的优秀园林城市分别在传统展园、现代展园、创意展园布展，充分展示地方特色和现代园林及创意园林理念和成果。湿地展园既具展示功能，又是园博湖水系的净化环节。

（1）实训内容：

① 了解大型展园是如何与地形条件结合来确定景观主题，从而布置景观轴线和进行景观分区。

② 了解景区的主题建筑主展馆和永定塔的特色和区别。

③ 学习通过运用现代生态修复手段进行棕地修复，重现燕京八景的景观特色，进而展现化腐朽为神奇的生态景观。

④ 学习现代地方性园中园的设计手法，以及在小范围内利用景观要素展现地方特色的造景方法。

（2）实训作业：

① 分析园博园整体景观的分区、特点。

② 从北京园、武汉园、苏州园中任选 2 个园中园，实测其平面空间构成，分析其主题的

提炼和表达,地形、建筑、水体和植物等景观要素的造景手法。

③ 识别园博园植物种类。

④ 绘制锦绣谷景区平面,并对其雨水回收利用方法进行分析。

⑤ 提交园中园平面图、景点速写5~8幅。

〖案例〗 <h1 style="text-align:center">奥林匹克公园</h1>

北京奥林匹克公园选址位于北京市区北部,城市中轴线的北端,总占地面积 1 109 hm²。分为三个区域:北端是 680 hm² 的森林公园;中心区 315 hm²,是主要场馆和配套设施建设区;南端 114hm² 是已建成场馆区和预留地。奥林匹克公园坐落在老北京城的中轴线上,与北京古城遥相呼应,也成为了现代北京的重要组成部分。奥林匹克公园的规划着眼于城市的长远发展和市民物质文化生活的需要,使之成为一个集体育竞赛、会议展览、文化娱乐和休闲购物于一体,空间开敞、绿地环绕、环境优美,能够提供多功能服务的市民公共活动中心。

奥林匹克公园中心区

奥林匹克公园中心区位于明清北京的中心——故宫的正北方向,明清的北京以故宫为中心,中轴线是旧城的重要特色,奥林匹克公园中心区的景观设计延续了北京城市的棋盘格网布局,设计风格"简约、现代、宏大",三条相互渗透的轴线和一座下沉花园成为设计的最大特征。三条轴线分别是体现庄重理性的中轴、体现人文自然的绿轴和体现生态科学的水轴,三条轴线在一个相对紧密的空间内相互联系、互相交融,形成统一整体。

根据中心区景观设计特点,可将中心区总体景观分为中轴景观大道(北京城市中轴线的延长,宽 60 m)、树阵景观区(位于中轴景观大道西侧)、庆典广场(位于国家体育场和国家游泳馆之间、中轴景观大道西侧)、下沉花园(位于公园中部,国家体育场北侧,中轴景观大道东侧)、北侧休闲花园(位于下沉花园北侧,中轴景观大道东侧)、龙形水系(位于国家体育场、下沉花园、休闲花园东侧的带状水系)、东岸自然花园(位于龙形水系东侧的带状水边绿地)等不同的特色景观区域。

龙形水系:贯穿奥林匹克中心区南北的龙形水系总长约2.7 km,水面宽度 20~125 m,总水面面积为 0.165 km²,水深 0.6~1.2 m,在中心区内自然曲折,形成了奥林匹克中心区的水轴,并与奥林匹克森林公园内的奥海共同形成了一条完整的龙形水系。水系的水源主要为北小河污水处理厂的高品质中水,创新应用了自然水景系统、高效过滤和强化除磷系统进行水质净化。通过人工构建和强化底泥生物—水生植物—水生动物之间稳定的生态平衡和生物链关系,强化水体自然净化能力的稳定人工水生生态系统。采用自然水景系统维护方式无需换水,每日仅需补充蒸发渗漏水量,大大节约了水资源。龙形水系的植物选择以净化功能强、观赏价值高的乡土水生植物为主,由完整的挺水、浮叶、沉水三大类植物组成,挺水植物主要有荷花、芦苇、菖蒲、香蒲、风车草、千屈菜、水生鸢尾、菱白、水生美人蕉等,浮叶植物有睡莲、浮萍等,沉水植物有苦草、金鱼藻、狸藻等。

中轴景观大道:奥林匹克公园中轴景观大道是北京市中轴线的北部端头,南起熊猫环岛,北端止于奥林匹克森林公园南门广场区,分为民族大道和中心区两段,总长度达3.7 km,宽60 m,是北京传统中轴的一个延长。中轴景观大道借鉴了天坛、天安门、故宫等中轴建筑的传统御道铺装,中央11 m区域内采用灰色花岗岩铺装,大气、简洁、富有气势,既增加了其使用的耐久性,也延续了传统中轴的历史厚重感。

下沉花园:北京的巨大魅力不仅仅体现在皇家建筑方面,还体现在众多的四合院民居上。四合院是因北京的气候而产生的住宅建筑,其中包含着许多值得今人借鉴的建筑设计思想。奥林匹克公园的下沉花园有着中国传统元素的特色。从紫禁城的红墙,到北京的四合院,从历经千年的鼓乐,到盛唐的马球运动,在这里都有体现。设计理念是"开放的紫禁城",来自于最具北京代表性的紫禁城和四合院。它通过对红墙的重新定义开放了紫禁城的界限,使皇宫禁地和民间四合院合二为一。全新的互动空间使人既能体验中国传统文化的博大精深,又能感受现代奥林匹克运动自由平等参与的民主精神。

奥林匹克森林公园

北京奥林匹克森林公园位于城市中轴线的最北端,占地面积约680 hm²,是一个以自然山水、植被为主,具有鲜明民族特色的可持续发展的多功能生态区域。公园总体规划以"通往自然的轴线"为主题——将代表城市历史、承载古老文明举世无双的城市轴线,消融在自然山水之中。公园的功能定位是"城市的绿肺和生态屏障、奥运会的中国山水休闲后花园、市民的健康大森林和休憩大自然"。公园的景观营造以生态设计为根本,将"绿色、科技、人文"三大理念贯穿其中,充分体现了我国传统园林意境、现代造园技术和生态环保工艺的完美结合,具有较高的科技示范功能。

森林公园由于现状五环路的存在而自然地形成了南区与北区两个部分,因此,根据这两个部分与城市的关系及周边用地性质、建设时间的不同,将两者分别规划成以生态保护与恢复功能为主的北部生态种源地以及以休闲娱乐功能为主的南部公园区。以自然密林为主的北部公园将成为生态种源地,以生态保护和生态恢复功能为主,尽量保留现状自然地貌、植被,形成微地形起伏及小型溪涧景观。南部定位为生态森林公园,以大型自然山水景观的构建为主,山环水抱,创造自然、诗意、大气的空间意境,兼顾群众休闲娱乐功能,可设置各种服务设施和景观景点,为市民百姓提供良好的生态休闲环境。

(1)实训内容:

① 了解城市标志性景观如何与城市总体规划布局进行和谐统一。

② 了解奥林匹克公园中心区环境景观设计与大型建筑场馆的融合设计手法。

③ 学习通过运用现代景观设计手法,景观设计主题如何与奥林匹克公园的重要景观节点设计相融合。

④ 学习现代下沉式花园的设计手法,尤其是下沉式的地形中既能够体现主题又不影响功能使用。

(2)实训作业:

① 分析奥林匹克公园的设计主题的提炼和应用。

② 分析龙形水系的特色,总结人造大型水系的景观设计手法。

③ 识别奥林匹克公园的水生植物种类。

④ 实测 1 处下沉式花园,绘制平面图,分析其造景手法。

⑤ 提交景点速写 3～5 幅。

〖案例〗 天 坛 公 园

天坛公园在北京市南部,东城区永定门内大街东侧。占地约 2.78 km²。天坛始建于明永乐十八年(1420),清乾隆、光绪时曾重修改建。为明、清两代帝王祭祀皇天、祈五谷丰登之场所。北京天坛的建造从选位、规划、建筑设计,均依据于中国古代阴阳、五行等学说,它把古人对"天"的想象、"天人关系"以及对上苍的祈愿表现得尽善尽美,物化了古代"天人合一"的哲学思想,充分展示了古人的建筑智慧和建筑才能。

北京天坛的建造处处体现了中国古代特有的寓意和艺术表现手法。突出了天空的辽阔高远和至高无上。在布局上,内坛位于外坛的南北中轴线以东,圜丘坛和祈年殿又位于内坛中轴线的东面,从而增加了西侧的空旷程度,使人们从正门西门进入天坛能获得开阔的视野,感受到上天的伟大和自身的渺小。在单体建筑上,从象征"天圆地方"的双重垣墙的南方北圆,到圜丘坛、祈谷坛、祈年殿、皇穹宇的圆形造型;从象征蓝天的祈年殿、皇乾殿、东西配殿、皇穹宇及配殿蓝琉璃瓦屋面,到丹陛桥步步登高如临天界的意象等,都体现了古人对天的认识和至高无上的尊崇。从圜丘坛的尺度和构件数量反复使用"9",到祈年殿 28 根大柱子分别寓意"一年四季、十二个月、十二个时辰、24 节"等,每一个细部处理,都体现了"天",处处"象天法地",乃是古代"明堂"(中国古代帝王专用的一种礼制建筑,处处象天法地)式建筑的独特之处。

(1) 实训内容:

① 了解中国传统祭祀建筑的特点和布局。

② 学习中国皇家祭祀建筑群的整体布局及绿化景观设计。

(2) 实训作业:

① 分析天坛公园的整体布局。

② 分析圜丘坛的建筑特点和其寓意。

③ 调查天坛公园植物种类,分析其植物应用与故宫植物应用的区别。

④ 提交景点速写速写 2～3 幅。

〖案例〗 北 京 故 宫

北京故宫始建于永乐四年(1406)。宫殿所在地区称皇城,位于北京内城中心偏南面,呈不规则方形。皇城有高大的城垣,四向辟门:东—东安、北—地安、西—西安、南面正门—天安门。皇城内还包括宫苑(北海、中海、南海)、太庙、社稷及皇家所建寺院等建筑。宫城也称紫禁城,位于皇城之中,矩形平面。宫城四周为高大砖砌城垣,四周有美丽的角楼;城四面辟门:东—东华门,北—神武门,西—西安门,南面正门—午门。

故宫作为明清两朝君王宫殿,其规划与建设必然与传统文化现象有着千丝万缕的关系。故宫北依燕山、东临渤海，北高南低，日照、排水便利，可谓形胜之地。为优化环境、背山面水，以合风水术原则，城后堆起了万岁山（景山），城前开挖金水河。金水河的开凿与命名，也与哲学有关。根据风水术来龙去脉的理论，水应来自乾方，出自巽方。紫禁城内河水自西北乾位引入，沿内廷宫墙之外西侧逶迤南行，至武英殿转向东行，进入外朝的太和门，最后从宫城东南的巽方流出，形成了最理想的流向。此水既从西来，西于五行属金，因此命名"金水河"。故宫建筑的命名也非常考究。其中多寓以鲜明的政治象征意义，体现统治者渴望以"和"为贵、长"和"不衰的理想。紫禁城的中心———太和（原名奉天、皇极）殿的名字"太和"二字，更寄寓了对君主制下所形成的一切秩序得意的自诩，它象征着天朝秩序的最高境界———和谐、天经地义、神圣难犯。作为建筑实体，太和殿不仅是故宫最高大、最宏伟的主体建筑，而且位于北京城、紫禁城之中心，是一个"居要"而统领一切的"枢轴"。

故宫中的典型园林景观为御花园、乾隆花园和慈宁花园。

在紫禁城的中轴线北端坐落着面积为 12 000 m² 的御花园，它南北宽近百米，东西长约 130 m，约占紫禁城总面积的 2%，是明代紫禁城四座宫廷园林中最大的。紫禁城的中轴线贯穿该园的南北，在中轴线上自北向南矗立着御花园的顺贞门、承光门、钦安殿、天一门和坤宁门。在园中中轴线的两侧，右边是澄瑞亭与千秋亭，左边是浮碧亭与万春亭，呈对称布局。钦安殿是御花园中最重要也是最高大的建筑物，统摄着中轴线而中轴线又控制着整个御花园。御花园内有大小建筑二十余座，呈左右对称、主次相辅的格局布置，总体布局紧凑。园中花树山石多姿秀雅、碎荫笼地、古柏参天，繁花茂树掩映着建筑物的错落参差，再配以玉砌雕栏、碧瓦红墙彰显了宫廷园林的气派，令人流连忘返。

慈宁花园定型于嘉靖时期，大盛于清乾隆时期。慈宁宫花园东西长 50 m、南北长 130 m，有大小建筑 11 座，布局较疏朗。由园门"揽胜门"入园起，就一路坦途，不像一般园林，迎门太湖石假山，曲径通幽；园内也没有登高爬坡的构筑。这是适应老人家身体状况的人性化设计。园内建筑按轴线布置，左右严格对称。园内树植花木，点以湖石，形成园林景观。该园以"寿国""九如"为主题。这处园林实际上像词的结构那样，以揽胜门为界，将北、南两部分划分为上下两阕。北半部为上阕，以咸若馆为中心，突出"寿国"，即"寿国福苍生"。一方面是皇上以天下奉养母亲，另一方面老人家为国家祝福。南半部为下阕，以临溪亭为中心，突出"九如"，祝愿太后"九如凝厘"，最南端以大型太湖石清供，祝福太后"寿比南山"。

乾隆花园也被称作宁寿宫花园。因为这座花园是乾隆帝准备在位 60 年后作为退休养憩的地方而预为建造的，建成后乾隆帝每年都到这里观赏游乐、写诗题字，花园内的一些主要建筑物遂初堂、符望阁、倦勤斋的命名，也都直接间接地反映了乾隆帝准备 60 年归政的初愿，因此后来人们把这座花园称作乾隆花园。这座花园建造在南北长 160 余米，东西宽尚不到 40 米的狭长基地上，长宽之比约为 4.3 : 1。西面是高 8 m 的笔直的宫墙；东边紧邻养性殿、乐寿堂等宏伟的宫殿建筑，这个条件对造园来说十分不利，给设计人出了一个不小的难题。设计者在全园规划上、在空间划分上，确实下了很大功夫，因而取得了理想的艺术效果，采用横向分隔的几进院落，解决了基地狭长这个突出缺点，而且分隔得极其活泼自然。自古华轩景区至倦勤斋庭院,采取了生动灵活与方正简洁的布局交替运用的办法,使得每一景区的布局各具特色。

(1) 实训内容:

① 了解故宫整体布局的营造原则和重要建筑的构造特点。

② 学习故宫中御花园如何在平坦地形上利用造景元素塑造多样性景观的手法,以及御花园中游憩性建筑的尺寸和特点。

③ 学习皇家园林的特色与江南私家园林的区别。

(2) 实训作业:

① 分析北京故宫布局的特点,并与《周礼·考工记》的记载进行比较分析。

② 实地测量御花园尺寸,绘制平面图,并进行景点分析。

③ 调查御花园植物种类,分析其植物应用与江南私家园林植物应用的异同。

④ 提交御花园景点速写速写 2~3 幅。

三、实训方式与场所

北京园林综合实习以 7 天进行北京实地风景园林景观考察;7 天进行校内实习作业汇总、整理以及汇报。

其中校外实地考察由带队老师分小组带领学生在所选景点进行考察学习,白天由老师集中讲解,学生在景点分散完成每个景点安排实习内容和作业;晚上老师抽查和点评完成的作业;要求每小组晚上撰写当天的实习心得体会,并进行交流。

校内实习作业汇总由带队老师集中安排在绘图室或机房进行,整理实习作业,并在实习结束后进行实习汇报。

四、考核内容与方法

(一) 考核内容

1. 个人作业

(1) 每人每天提交绘制最好的 2 张速写,并注明时间、地点、景点名称及特点。

(2) 选择北京奥林匹克森林公园作为研究对象,根据其特点对其做针对性的分析。不能泛泛而谈,要求图文并茂,有自己的观点。

2. 小组作业

(1) 实训报告:实训报告的实质是实训总结,其内容为实训情况介绍及实训收获、体

会,而不是与实训地不相干的、纯论文的专题报告。报告5 000字以上。报告的主要内容包括:

① 基本情况:实训的起始日期、参加人员、实训地基本情况、实训场所等。

② 实训的主要内容(如植物方面、规划设计方面等)概述。

③ 基于自己的兴趣或小组分工,就园林植物资源、园林植物配置、道路绿化、园林小品、园林建筑、园路、铺装、园桥、花坛、盆景等专项考察撰写专题报告。根据实训日记和分组实训时收集到的资料进行归纳、分析和总结,结合园林绿化理论或规划设计原理,写成图文并茂的、有实际案例的专题报告或调查报告。

④ 实训体会或合理化建议。

(2)实训资料汇编:封面注明小组编号及组长、组员姓名。资料汇编包括植物调查表及用A3纸装订成册的各种测绘图。每个"调查表"及每份"测绘图"上注明实际参与人(并非小组所有人员),以便评定实训成绩时参考。

要求小组作业和个人作业最后全部通过扫描排版到A3图纸上,汇编成册。

(二) 考核方法

实训结束后,指导教师对学生在实训当中的表现、小组作业1、个人作业以及最后的汇报效果给予评价,并写出实训鉴定。

个人作业1占20%,个人作业2占20%,小组作业1占20%,小组作业2占20%,实习成果汇报占10%,实训过程表现占10%。

五、实训要求

(1)遵守实训纪律,不能无故迟到、旷课、早退;有事必须向指导教师请假。

(2)实训前自行从网上下载实训景点的介绍。

(3)实训前做好实训准备,携带参考书籍和皮尺等简单的测绘工作。

(4)实训过程中要自觉保持大学生的基本素质。

(5)遵守指导教师的安排,按时、按质、按量完成实训内容。

(6)实训过程中分组合理,组员能够互帮互助,共同完成实训内容。

［1］陆楣.现代风景园林概论［M］.西安：西安交通大学出版社,2007.

［2］李铮生.城市园林绿地规划与设计［M］.上海：同济大学出版社,2005.

［3］谷康.园林设计初步［M］.南京：东南大学出版社,2003.

［4］樊俊喜.园林工程建设概预算［M］.北京：化学工业出版社,2005 年.

［5］刘滨谊.现代景观规划设计［M］.南京：东南大学出版社,2004.

［6］陈雷.园林景观设计详细图集［M］.北京：中国建筑工业出版社,2001.

［7］吴为廉.景园建筑工程规划与设计［M］.上海：同济大学出版社,1996.

［8］黄东兵.园林规划设计［M］.北京：科技出版社,2003.

［9］冯仲科.园林工程测量［M］.北京：中国林业出版社,2002.

［10］陈学平.测量试题与解答［M］.北京：中国林业出版社,2002.

［11］卞正富.测量学［M］.北京：中国农业出版社,2002.

［12］蒋烨,刘永健.美术实训［M］.北京：中国建筑工业出版社,2006 年.

［13］董南.园林制图［M］.北京：高等教育出版社,2005.

［14］王俊杰,张亚莉,李名地,等.园林工程施工与管理［M］.北京：中国建材工业出版社,2014.

［15］朱小地,张果,孙志敏,等.北京奥林匹克公园中心区景观规划与设计［J］.北京园林,2009(3)：8 - 13.

［16］胡洁,吴宜夏,吕璐珊.北京奥林匹克森林公园景观规划设计综述［J］.中国园林,2006(6)：1 - 7.

［17］杨恒,李继爱,孙健,等.浅析北京奥林匹克公园的植物造景艺术［J］.山东农业大学学报：自然科学版,2012,43(1)：129 - 136.

［18］马宁,寿劲秋.北京故宫建筑的文化阐释［J］.科技信息,2008(13)：493 - 494.

［19］严平.对北京故宫建筑布局的文化理解［J］.科技情报开发与经济,2003,13(7)：105 - 106.

［20］赵川.以御花园为代表的明代宫廷园林艺术探微［J］.兰台世界,2014(1)：159 - 160.

［21］杨小晗,刘伟.浅析园林建筑的意境表达——以沧浪亭为例［J］.建筑知识,2016(1)：197.

［22］陈薇.中国古典园林何以成为传统——苏州沧浪亭的情、景、境、意［J］.建筑师,2016
　　　(3):80-87.

［23］韩阳瑞,张伟艳.苏州金鸡湖滨水景观规划研究［J］.苏州金鸡湖滨水景观规划研究,
　　　2003,45(3):76-78.

［24］张伟艳,韩阳瑞.苏州金鸡湖滨水景观规划［J］.现代园艺,2014(1):53-54.

［25］张鸽,田大方.留园的空间布局与造景手法分析［J］.山西建筑,2018(2):192-194.

［26］吴娟娟.浅析中国传统民族园林景观设计特点——以"苏州耦园"景观设计为例［J］.
　　　中国园艺文摘,2017(6):163-164.

［27］杨小乐,金荷仙,陈海萍.苏州耦园理景的夫妻人伦之美及其设计手法研究［J］.中国
　　　园林,2018(3):70-74.

［28］沈福煦."苏州名园"赏析三——狮子林［J］.园林赏析,2005(1):28.

［29］张婕.元江南临济山林禅的孑遗［J］.中国园林,2016(7):97-100.

［30］陈婧.园林中框景手法在现代设计中的运用——以苏州博物馆新馆为例［J］.美术教
　　　育研究,2016(7):85.

［31］李佳.在继承的基础上创新传统建筑格调——以苏州博物馆新馆为例［J］.美术教育
　　　研究,2018(4):165.

［32］王胜永,司钰珠.空间·诗画·意境——谈苏州网师园的园林艺术［J］.现代园艺,
　　　2016(8):122.

［33］周红卫.诗画·意境——论网师园的园林艺术［J］.郑州轻工业院学报:社会科学版,
　　　2006(6):20-23.

［34］尚红,李慧静,杨睿,等.网师园园林文化浅析［J］.现代园艺,2017(3):70-71.

［35］邵忠.苏州古典园林艺术［M］.北京:中国林业出版社,2001.

［36］张蕾.尺度适宜,师法自然——艺圃造园艺术初探［J］.林业调查规划,2017(2):151-
　　　155.

［37］李得瑞.尺度适宜——论苏州艺圃花木的配置艺术［J］.内蒙古林业调查设计,2014
　　　(11):122-124.

［38］曲婷.浅议中国古典园林苏州拙政园的艺术特色［J］.大众文艺,2011(11):210.

［39］臧公秀.苏州园林的景观学分析——以拙政园为例［J］.苏州大学学报:工科版,2009
　　　(10):144-146.

［40］张涛,王立强,姚建.苏州拙政园空间特征分析［J］.沈阳大学学报,2010(4):39-41.

［41］夏玉兰.谈苏州古典园林建筑之美［J］.现代装饰,2016(7):63.

［42］王贞虎.姑苏城古典又现代［J］.浙江林业,2017(3):44-45.

［43］孙梦玥.苏州园林造景的形成及其文化内涵［J］.建筑与文化,2017(10):149-150.

［44］李志启.北京天坛的建筑格局［J］.中国工程咨询,2011(3):72-74.

［45］刘花培,杜建梅.北京天坛的建筑格局［J］.北京农业,2014(6):269-270.

［46］胡霜霜.虎跑造园禅境理趣探析［J］.浙江树人大学学报,2015(5):94-97.

［47］麻欣瑶,李秋明,陈波.渐悟山水间——杭州虎跑园林禅境空间探析［J］.园林,2017

(10)：66 - 69.

[48] 孙筱祥,胡绪渭.杭州花港观鱼公园规划设计[J].建筑学报,1959(5)：19 - 24.

[49] 傅函珣.花港观鱼对古典园林意向的传承[J].城市建设理论研究,2017(10)：198 - 199.

[50] 刘建英,俞菲,赵兵,等.杭州花港观鱼公园植物造景分析[J].林业科技开发,2012, 26(1)：126 - 130.

[51] 胡小斌,孔杨勇.杭州曲院风荷公园荷花造景特色探析[J].科技信息,2009(2)：277.

[52] 蔡建国,钱黎君,赵然,等.杭州曲院风荷特色景点植物造景分析[J].科技通报,2013 (10)：199 - 204.

[53] 张竞,宁惠娟,邵锋.杭州太子湾公园植物造景特色[J].安徽农业科学,2010,38 (17)：8879 - 8881.

[54] 刘延捷.太子湾公园的景观构思与设计[J].中国园林,1990(12)：39 - 42.

[55] 王景.太子湾公园的植物景观与空间分析[J].中国园艺文摘,2012(5)：123 - 124.

[56] 王鹏飞,张漪,田朋朋.杭州西湖景观格局及水域空间分析[J].中国名城,2017(6)：53 - 59.

[57] 邱俊.植物滨水景观研究——以西湖为例[J].现代商贸工业,2010(11)：127 - 129.

[58] 柴凡一.西泠印社造园文化艺术特色探析[J].绿色科技,2016(7)：166 - 167.

[59] 徐晓民,乐振华,徐兴根,等.西泠印社造园艺术浅析[J].中国城市林业,2013(2)：12 - 15.

[60] 李白云,阮婷立,夏宜平.因山就势收放自如——杭州西泠印社山地园林的空间营造分析[J].中国园林,2014(11)：109 - 112.

[61] 唐楚虹.基于设计原因探索个园的造园手法[J].现代园艺,2016(6)：113.

[62] 赵雅南,周建东.扬州个园假山叠石艺术赏析[J].园林,2017(8)：72 - 75.

[63] 韩笑,刘睿文,何钟宁.扬州个园假山叠石艺术赏析[J].城市旅游规划,2016(8)：72 - 73.

[64] 胡蔡清.扬州瘦西湖公园赏析[J].山西建筑,2012(4)：248 - 250.

[65] 孟兆祯.中国园林的艺术特色与公共属性——以扬州为例[J].中国名城,2015(1)：4 - 7.

[66] 肖艳,张延龙,欧阳勇锋.浅析颐和园的园林艺术特色[J].安徽农业科学,2005,33 (3)：433,483.

[67] 雷菁.颐和园的景园特色赏析[J].产业与科技论坛,2013,12(21)：100 - 101.

[68] 澄海.园博园：废墟上开启的"神话"[J].节能与环保,2013(6)：38 - 39.

[69] 杨承清.江南园林综合实习指导书[M].南昌：江西科学技术出版社,2014.